校企合作计算机精品教材

语音识别技术及应用

主审 尹方超
主编 韩鸣飞 刘 祥 冯本勇

航空工业出版社

北 京

内 容 提 要

本书以 Python 语言为基础、以实战应用为导向,采用项目式的编写方法,全面系统地介绍了语音识别的基本概念、基本原理和核心技术,并对这些技术进行了编程实现。全书共 7 个项目,内容涵盖搭建语音识别开发环境、语音特征提取、构建传统声学模型、使用深度神经网络构建声学模型、训练语言模型、构建语音识别系统和中文普通话语音识别。

本书可作为各类院校计算机科学、人工智能、大数据技术等相关专业的教材,也可供相关科技人员参考使用。

图书在版编目(CIP)数据

语音识别技术及应用 / 韩鸣飞,刘祥,冯本勇主编.
北京 : 航空工业出版社, 2024. 9. -- ISBN 978-7-5165-3791-6

Ⅰ. TN912.34

中国国家版本馆 CIP 数据核字第 2024EP1528 号

语音识别技术及应用
Yuyin Shibie Jishu ji Yingyong

航空工业出版社出版发行
(北京市朝阳区京顺路 5 号曙光大厦 C 座四层　100028)
发行部电话:010-85672666　　010-85672683

北京谊兴印刷有限公司印刷	全国各地新华书店经售
2024 年 9 月第 1 版	2024 年 9 月第 1 次印刷
开本:787×1092　1/16	字数:300 千字
印张:13	定价:59.80 元

前 言
PREFACE

近年来，随着物联网技术和智能硬件设备的不断发展，语音识别技术已经渗透到了人们生活、工作和学习的方方面面。从智能家居、车载系统到智能客服、医疗诊断，语音识别技术正以惊人的速度改变着人们的生活方式和工作模式。

语音，作为人类最自然、最直接的交流方式，承载着丰富的信息和情感。然而，要让机器理解并回应人类的语音，却是一项极具挑战性的任务。如何让机器"听到"人类的语音，已逐渐成为人工智能领域中的一个全新研究课题。

为满足企业对语音识别技术人才的需求，我们结合语音识别技术发展现状和多所院校人才培养方案的要求，组织编写了本书。

全书共 7 个项目，分为 3 篇。第 1 篇为基础篇，包含项目 1 和项目 2，主要介绍语音识别基础知识，语音特征的提取流程，以及语音识别开发环境的搭建过程；第 2 篇为技术篇，包含项目 3～项目 6，主要介绍声学模型、语言模型和语音识别系统的构建方法，以及使用它们解决实际问题的方案和实践过程；第 3 篇为应用篇，包含项目 7，主要通过具体的项目实战，展示如何使用语音识别技术解决实际问题。

整体而言，本书具有如下特色。

1 立德树人，德技并修

党的二十大报告指出："育人的根本在于立德。"立德树人是中华民族的深厚教育智慧，也是素质教育的核心育人理念。本书将知识技能与素质教育有机结合，在培养学生专业技能的基础上，将爱国主义情怀、社会责任感、奋斗精神、创新精神、钻研精神等融入"素养之窗"特色模块，让学生在潜移默化中树立正确的世界观、人生观和价值观，成为对国家和社会有用的高技能人才。

2 校企合作，与时俱进

本书在编写过程中得到了相关企业的支持，书中所选案例与实际应用紧密相关，可以让学生快速、轻松地理解语音识别的基础知识，做到即学即练、学以致用，还可以锻炼学生的工作思维和实践技能，为以后更快地适应企业工作打下坚实的基础。

3 项目驱动，实战性强

本书采用项目式的编写方法，精心编排了一系列具有挑战性和实践性的项目案例。在每个项目中，本书不仅深入浅出地讲解了相关知识，还提供了项目案例的实践代码。学生可以根据书中的代码示例，逐步完成项目的开发，从而轻松掌握语音识别技术的实现方法。

4 结构清晰，讲解得当

本书将每个项目的内容分为课前、课中和课后3个模块，引导学生自主学习。课前，学生通过"项目描述"了解本项目的主要内容，通过"项目分析"了解完成本项目所需的流程和步骤，并通过观看二维码视频完成"项目准备"中的引导问题。课中，学生学习本项目涉及的理论知识，并在教师的带领下完成"项目实施"中的案例。课后，学生首先通过完成"项目实训"练习所学内容，然后通过"项目总结"提炼和总结本项目学习的知识和技能，再通过"项目考核"进一步巩固所学知识，最后通过"项目评价"评价整个项目的学习情况。

此外，本书正文中还穿插了"指点迷津""高手点拨""拓展阅读""知识库"等模块，可以加强学生对知识点的理解，丰富学生的知识面，还可以调动学生的学习积极性，提高其参与度，从而提升学习效率。

5 数字资源，丰富多彩

本书配有丰富的数字资源。读者可以借助手机或其他移动设备扫描二维码获取相关内容的微课视频，从而更方便地理解和掌握本书内容。本书还提供了优质课件、教案、素材、程序源代码及项目实训和项目考核答案等配套教学资源，读者可以登录文旌综合教育平台"文旌课堂"查看和下载。

此外，本书还提供了在线题库，支持"教学作业，一键发布"，教师只需通过微信或"文旌课堂"App扫描扉页二维码，即可迅速选题、一键发布、智能批改，并查看学生的作业分析报告，提高教学效率、提升教学体验。学生可在线完成作业，巩固所学知识，提高学习效率。

本书由尹方超担任主审，韩鸣飞、刘祥、冯本勇担任主编，李新友、周荷清担任副主编。

本书在编写过程中，参考了大量的资料并引用了部分文章和图片等。这些引用的资料大部分已获授权，但由于部分资料来自网络，我们未能确认出处，也暂时无法联系到原作者。对此，我们深表歉意，并欢迎原作者随时与我们联系，我们将按规定支付酬劳。

由于编者水平有限，书中存在的疏漏或不妥之处，敬请广大读者批评指正。

> 🔍 **本书配套资源下载网址和联系方式**
>
> 🌐 网址：https://www.wenjingketang.com
> 📞 电话：400-117-9835
> ✉️ 邮箱：book@wenjingketang.com

目 录
CONTENTS

基 础 篇

项目 1　搭建语音识别开发环境 ·· 2
项目目标 ·· 2
项目描述 ·· 3
项目分析 ·· 3
项目准备 ·· 4
1.1　语音识别概述 ·· 4
　　1.1.1　语音识别的概念 ·· 4
　　1.1.2　语音识别的应用领域 ·· 5
　　1.1.3　语音识别的发展历程 ·· 7
1.2　语音识别的主流框架 ··· 9
　　1.2.1　语音前端处理 ··· 9
　　1.2.2　解码识别 ·· 11
1.3　语音识别常用语料库 ·· 12
1.4　常用的语音识别开发工具 ·· 13
　　1.4.1　语音识别开发常用工具包 ··· 13
　　1.4.2　语音识别开发常用 Python 库 ··· 13
　　1.4.3　深度学习主流框架 TensorFlow ·· 14
　　1.4.4　自然语言工具包 NLTK ·· 14
项目实施——搭建语音识别开发环境 ·· 15
项目实训 ··· 24
项目总结 ··· 26
项目考核 ··· 27
项目评价 ··· 28

项目 2　语音特征提取 ... 29
项目目标 ... 29
项目描述 ... 30
项目分析 ... 30
项目准备 ... 30
2.1　语音特征的提取流程 ... 31
2.2　语音数据预处理 ... 32
2.2.1　预加重 ... 32
2.2.2　分帧与加窗 ... 34
2.3　短时傅里叶变换 ... 39
2.3.1　短时傅里叶变换的基本原理 ... 39
2.3.2　短时傅里叶变换的编程实现 ... 40
2.4　语音特征的提取 ... 42
2.4.1　提取语谱图特征 ... 42
2.4.2　提取 Fbank 特征 ... 44
2.4.3　提取 MFCC 特征 ... 46
项目实施——MFCC 特征的提取与可视化 ... 47
项目实训 ... 49
项目总结 ... 50
项目考核 ... 50
项目评价 ... 52

技 术 篇

项目 3　构建传统声学模型 ... 54
项目目标 ... 54
项目描述 ... 55
项目分析 ... 55
项目准备 ... 56
3.1　传统声学模型 ... 56
3.1.1　隐马尔可夫模型 ... 56
3.1.2　高斯混合模型—隐马尔可夫模型 ... 59
3.2　传统声学模型的编程实现 ... 64
3.2.1　HMMlearn 库中的隐马尔可夫模块 ... 64

3.2.2　隐马尔可夫模块的应用举例 ·· 65
　项目实施——基于 GMM-HMM 的孤立词语音识别 ······························ 68
　项目实训 ·· 74
　项目总结 ·· 76
　项目考核 ·· 76
　项目评价 ·· 78

项目 4　使用深度神经网络构建声学模型 ·· 79
　项目目标 ·· 79
　项目描述 ·· 80
　项目分析 ·· 80
　项目准备 ·· 81
　4.1　深度神经网络 ·· 81
　　4.1.1　深度神经网络的基本原理 ·· 81
　　4.1.2　深度神经网络的编程实现 ·· 88
　4.2　深度神经网络—隐马尔可夫模型 ·· 92
　　4.2.1　深度神经网络—隐马尔可夫模型的工作原理 ······················ 92
　　4.2.2　深度神经网络—隐马尔可夫模型的训练 ···························· 93
　　4.2.3　深度神经网络—隐马尔可夫模型的编程实现 ······················ 95
　项目实施——数字命令语音识别 ·· 96
　项目实训 ·· 104
　项目总结 ·· 106
　项目考核 ·· 107
　项目评价 ·· 108

项目 5　训练语言模型 ·· 109
　项目目标 ·· 109
　项目描述 ·· 110
　项目分析 ·· 110
　项目准备 ·· 111
　5.1　语言模型概述 ·· 111
　5.2　N-gram 语言模型 ·· 112
　　5.2.1　N-gram 语言模型的基本原理 ·· 112
　　5.2.2　平滑算法 ·· 114
　　5.2.3　语言模型的评价指标 ·· 116

5.2.4　N-gram 语言模型的编程实现 …………………………………………… 117
5.3　循环神经网络语言模型 ……………………………………………………………… 120
　　5.3.1　循环神经网络的基本原理 ……………………………………………………… 120
　　5.3.2　循环神经网络语言模型的基本原理 …………………………………………… 121
　　5.3.3　循环神经网络语言模型的编程实现 …………………………………………… 122
项目实施——使用循环神经网络构建歌词生成器 ……………………………………… 125
项目实训 …………………………………………………………………………………… 133
项目总结 …………………………………………………………………………………… 134
项目考核 …………………………………………………………………………………… 135
项目评价 …………………………………………………………………………………… 136

项目 6　构建语音识别系统 …………………………………………………………… 137
项目目标 …………………………………………………………………………………… 137
项目描述 …………………………………………………………………………………… 138
项目分析 …………………………………………………………………………………… 138
项目准备 …………………………………………………………………………………… 139
6.1　传统语音识别系统 …………………………………………………………………… 139
6.2　端到端语音识别系统 ………………………………………………………………… 143
　　6.2.1　连接时序分类模型 ……………………………………………………………… 143
　　6.2.2　注意力机制 ……………………………………………………………………… 154
项目实施——构建基于 CTC 的端到端语音识别系统 ………………………………… 157
项目实训 …………………………………………………………………………………… 169
项目总结 …………………………………………………………………………………… 171
项目考核 …………………………………………………………………………………… 172
项目评价 …………………………………………………………………………………… 173

应用篇

项目 7　中文普通话语音识别 ………………………………………………………… 176
项目目标 …………………………………………………………………………………… 176
项目描述 …………………………………………………………………………………… 177
项目分析 …………………………………………………………………………………… 177
项目准备 …………………………………………………………………………………… 178
项目实施——中文普通话语音识别 ……………………………………………………… 178

项目实训 ·· 192
项目总结 ·· 195
项目考核 ·· 195
项目评价 ·· 197

参考文献 ·· 198

基础篇

JI CHU PIAN

项目 1

搭建语音识别开发环境

项目目标

知识目标
- 理解语音识别的概念。
- 了解语音识别的应用领域和发展历程。
- 掌握语音识别的主流框架。
- 了解语音识别的常用语料库。
- 了解常用的语音识别开发工具。

技能目标
- 能够成功搭建语音识别的开发环境。
- 能够使用 Jupyter Notebook 编写简单程序。

素养目标
- 学习语音识别基础知识,加强对新技术的了解,培养勇于尝试的精神。
- 了解科技前沿新技术,把握机遇与挑战,提高竞争力。

项目描述

与机器进行语音交流，是人类长期以来的梦想。如今，人工智能将这一梦想变为了现实。如今随处可见的语音助手、语音翻译、语音输入、智能客服等应用，其关键技术就是语音识别。因此，越来越多的人开始投身于语音识别的学习和开发中。小旌也关注到了这一点，决定探索这一领域，他先从搭建语音识别开发环境入手。

小旌查阅资料发现，Python 语言具有数量庞大且功能相对完善的标准库和第三方库，这使得开发者能够轻松地构建和部署语音识别系统，因此，小旌决定使用 Python 语言进行开发。而 Anaconda 是一个开源的 Python 发行版本，集成了包含 NumPy、Matplotlib、HMMlearn、Scikit-learn 等 180 多个科学工具包，使用 Anaconda 可一次性安装 Python 开发环境及大量的第三方库。于是，小旌决定使用 Anaconda 来完成语音识别开发环境的搭建。

在语音识别的开发过程中，还需要用到深度学习算法和自然语言处理的相关内容。因此，安装完 Anaconda 之后，小旌决定再安装深度学习框架 TensorFlow 和自然语言工具包 NLTK，为后续项目的开发做好准备。

项目分析

按照项目要求，搭建语音识别开发环境的具体步骤分解如下。

第 1 步：安装 Anaconda。从 Anaconda 的官方网站或国内镜像站点下载 Anaconda 软件包并根据安装步骤进行安装。

第 2 步：安装 TensorFlow。在"Anaconda Prompt"窗口中，利用程序命令安装深度学习框架 TensorFlow。

第 3 步：安装 NLTK。在"Anaconda Prompt"窗口中，利用程序命令安装自然语言工具包 NLTK 和对应的 NLTK 数据包。

第 4 步：使用 Jupyter Notebook。启动 Jupyter Notebook，并使用它编辑、运行和调试程序。

为更好地进行语音识别的开发，本项目将对相关知识进行介绍，包含语音识别的概念、应用领域和发展历程，语音识别的主流框架，语音识别常用语料库，以及常用的语音识别开发工具。

语音识别技术及应用

项目准备

全班学生以3～5人为一组进行分组，各组选出组长，组长组织组员扫码观看"语音的产生和感知"视频，讨论并回答下列问题。

问题1：语音的四要素是什么？

语音的产生和感知

问题2：语音是如何产生的？

问题3：人类是如何感知到语音的？

1.1 语音识别概述

1.1.1 语音识别的概念

语音识别也称自动语音识别（automatic speech recognition, ASR），是计算机科学领域和人工智能领域的一个重要研究方向，是一门融信号处理、计算机科学、语言学、声学等于一体的综合性学科。具体来说，语音识别是研究如何通过计算机技术将人类的语音信号转换为可被计算机处理的文本信息的技术，其根本目的是使机器具有"听觉"功能，能够直接接收人类的语音。理解语音识别的概念，必须明确以下几个方面的内容。

（1）语音识别只解决机器"听清"的问题，而不解决机器"听懂"的问题，即语音识别技术只研究如何将语音信号转换为文本信息，而不研究文本信息的具体含义。文本信息具体含义的研究属于自然语言处理的范畴。

（2）语音识别要解决声学与部分语言的混淆问题，即语音识别需要关注识别文字的正确性。例如，"草丛中有一只蜜蜂"与"草丛中有一只密封"这两句话的语音完全相同，机器识别出哪句话是正确的呢？语音识别应给出正确的答案，解决部分语义消歧问题。

（3）语音识别的目标是能够将每个人的语音都识别正确，不会因为不同人在发音、语调、语速等方面的不同而识别错误，即语音识别关注的是"共性"问题。

1.1.2 语音识别的应用领域

近年来，随着计算机性能的提升和深度学习方法的崛起，语音识别逐渐从实验室走向了人们的日常生活，已经成为现代社会不可或缺的一部分。总体来说，语音识别的应用主要集中在语音对话系统、语音助手、语音翻译、语音控制、语音搜索、语音输入和智能语音客服等领域。

1. 语音对话系统

语音对话系统是一种能够与人进行连贯对话的计算机系统，它允许用户使用口头语言与计算机或其他智能设备进行通信。一个完整的语音对话系统通常由语音识别、自然语言理解、对话管理系统、自然语言生成和语音合成5个基本模块组成，如图1-1所示。

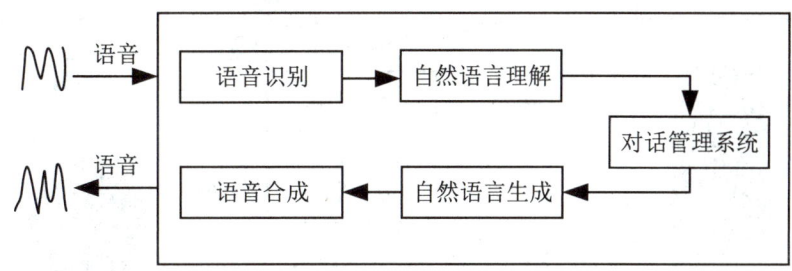

图1-1 语音对话系统的组成

当用户的语音传入语音对话系统时，先由语音识别模块将其转换为文本，再由自然语言理解模块对其进行语义理解，让机器明白用户说话的含义；接下来，对话管理系统会根据用户的输入作出合适的响应，并将响应结果传入自然语言生成模块，先由自然语言生成模块生成文本，再由语音合成模块将生成的文本合成为语音，让机器读出。这就是人机对话的整个过程。

2. 语音助手

语音助手是一种基于人工智能技术的智能语音交互系统，它能够通过语音与用户进行沟通，帮助用户完成各种操作或提供各种服务。语音助手的工作原理是将用户的语音识别为文本，然后利用自然语言处理技术分析文本，理解用户的意图，最终根据用户的需求提供相应的服务。语音助手通常内置在智能手机、智能音箱、智能手表等设备中，用户可以通过语音指令来实现各种功能，如查询天气、播放音乐、发送信息、设置闹钟等。

3. 语音翻译

语音翻译是利用语音识别和机器翻译技术，将一种语言的语音转换为另一种语言的文本或语音的过程。与传统的文本翻译相比，语音翻译具有更强的实时性和便捷性，可以大幅提升工作效率。目前，市面上出现了很多语音翻译的人工智能产品。例如，科大讯飞推出的讯飞翻译机就是一款语音翻译人工智能产品，它支持实时语音互译，并且提供常用语种的离线互译功能。

4．语音控制

语音控制是一种基于计算机语音识别的交互式技术，它可以通过语音指令来操控电子设备或应用程序，使用户能够更好地与电子设备进行交互。目前，市面上很多电子设备都可以通过语音进行控制，智能语音控制技术已经进入了人们的日常生活。例如，在智能家居中，人们可以通过与智能音箱对话（见图1-2）来操控家中的照明灯、电视、冰箱、窗帘等智能设备，给人们的生活带来了极大的便利。

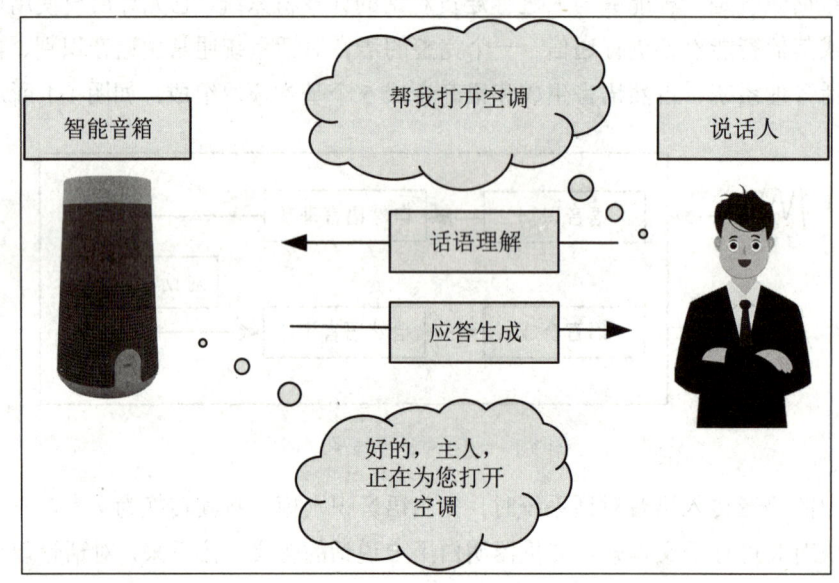

图1-2　智能音箱控制家电

5．语音搜索

语音搜索是智能手机、平板电脑等移动设备上的常见功能，它允许用户通过语音方式提交搜索请求，然后通过语音识别技术将语音转换为文本，再根据识别文本搜索信息、返回搜索结果。语音搜索功能使用语音代替了文本输入，极大地简化了用户输入搜索请求的方式，从而能够更快速、便捷地获取所需信息。

6．语音输入

语音输入是指利用语音识别技术将人类语音转换为文本的一种输入方式，相较于键盘输入，语音输入更自然、高效，更符合人们的日常习惯。例如，在移动设备上发送信息、撰写邮件、编辑文档时，使用语音输入能有效地避免输入拖延，提高工作和沟通效率。

7. 智能语音客服

智能语音客服是一种基于人工智能技术的客服解决方案，它可以接收用户的语音输入，并根据用户的问题和需求提供相应的回答或帮助。这种客服系统可以随时为用户提供服务，大大节约了时间和成本。此外，智能语音客服还能够利用大数据分析功能，根据客户的喜好和咨询问题的类型提供相应的服务内容，实现定制化服务，使客服工作更加高效、精准。

> **素养之窗**
>
> 中国语音学学术会议是国内语音与语言处理领域最重要的学术会议之一，由中国语言学会语音学分会主办，每两年举办一次，一般由国内的高校承办。会议聚焦于声学语音学、生理语音学、语音识别与合成、语音技术及应用等研究方向。
>
> 第十五届中国语音学学术会议的承办方是南方科技大学的人文科学中心，本次会议邀请了部分知名学者作大会主旨发言，并组织了一些学术专场，集中呈现了中国语音学界近年来取得的一些研究成果。

1.1.3 语音识别的发展历程

人类对语音识别的研究可追溯到 20 世纪 50 年代。1952 年，贝尔实验室研发了自动数字识别机，它可以识别数字 0~9 的英文发音。自此以后，语音识别技术经历了快速的发展，其发展历程主要分为以下 3 个阶段。

1. 早期探索阶段

20 世纪 60 年代至 70 年代，语音识别技术处于早期探索阶段。这一阶段主要通过模板匹配进行语音识别，即将待识别的语音特征与训练中的目标模板进行匹配，根据输入语音与目标语音的相似度进行识别。由于模板匹配方法无法考虑到不同说话人的语音长度和发音特点的差异，因此其泛化性能比较差，这一阶段的语音识别系统主要集中在数字、小词汇量和孤立词的语音识别上。

2. 统计模型阶段

20 世纪 80 年代至 21 世纪初期是语音识别技术发展的第二阶段，即统计模型阶段。这一阶段主要使用隐马尔可夫模型（HMM）进行语音识别，识别的准确率和稳定性都得到了较大的提升。语音识别开始从孤立词识别系统向大词汇量连续语音识别系统发展。但由于隐马尔可夫模型难以精确地描述语音信号的连续性，故研究者又将高斯混合模型（GMM）引入语音识别系统中，使其与隐马尔可夫模型相结合，组成 GMM-HMM 模型。GMM-HMM 模型成为了当时语音识别领域的主流建模框架，提高了语音识别的准确率和稳定性，为语音识别的商业应用打下了坚实的基础。

高手点拨

语音识别发展到第二阶段时，出现了两项非常重要的技术：一项是以 HMM 为代表的声学模型，另一项是以 N-gram 模型为代表的语言模型。其中，声学模型负责将语音序列转换为音素序列；语言模型负责将识别内容进行规整，转换为文字序列。这种语音识别的框架一直沿用至今，只是构建两个模型的算法在变化。

音素

3. 深度学习模型阶段

进入 21 世纪，深度学习算法在语音识别领域得到了广泛应用，为语音识别技术带来了革命性的突破。深度神经网络与 HMM 相结合的声学模型 DNN-HMM，在大词汇量连续语音识别中取得了成功，掀起了利用深度学习进行语音识别的浪潮。卷积神经网络（CNN）、循环神经网络（RNN）、长短期记忆神经网络（LSTM）和 Transformer 等深度学习算法在语音识别领域中的应用，大幅提升了语音识别系统在噪声环境、多说话人识别等方面的性能。

近年来，端到端的语音识别方案受到了人们的关注，这种方案将传统的语音识别系统进行了简化，只关注输入（原始语音信号）和输出（文本），省去了很多烦琐的中间步骤，提高了识别速度和效率。端到端语音识别主要使用的算法有连接时序分类（CTC）模型、循环神经网络变换器（RNN-T）和注意力机制（Attention）等。

拓展阅读

我国对语音识别的研究起源于1958年，主要研究成果如下：① 1958 年，中国科学院声学研究所利用电子管电路识别出了 10 个元音，这是我国语音识别研究工作的起点；② 1973 年，中国科学院声学研究所开始研究计算机语音识别，标志着我国的语音识别研究进入了一个新的阶段；③ 1988 年，我国第一个汉语全音节孤立字语音识别系统获得成功；④ 1992 年，汉语特定人孤立字听写机（知音文书机）研制成功，该听写机具有人机对话功能；⑤ 21 世纪初期，国内各个科技公司相继组建了自己的语音研发团队，并推出了能够达到商业标准的语音识别服务和产品，国内的语音识别研究水平取得了突飞猛进的增长。如今，基于云端深度学习算法和大数据的在线语音识别系统的识别准确率可达 95%以上。

1.2 语音识别的主流框架

语音识别是将语音信号转换为文本信息的过程,这个转换过程可以通过不同的方法实现。目前,主流的语音识别系统(语音识别的主流框架)通常由语音前端处理(包含数字化处理、数据预处理、特征提取)、声学模型、语言模型、解码器等几部分构成,其内部结构如图1-3所示。

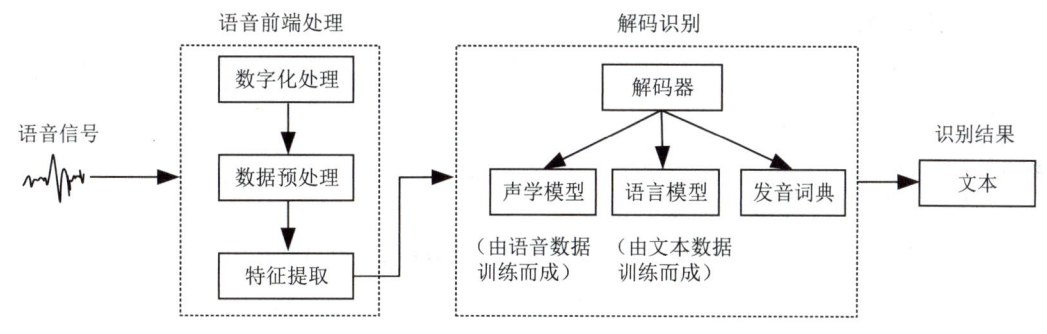

图1-3 语音识别的主流框架

从图1-3中可以看出,语音识别系统对输入的语音进行识别的过程是一系列状态的变换过程,下面介绍各个变换过程需要做的一些工作。

1.2.1 语音前端处理

1. 数字化处理

麦克风收集到的语音信号是模拟的语音波形(见图1-4),而计算机只能处理数字信号,因此,语音识别系统接收到波形信号之后,首先需要进行数字化处理。数字化处理主要包含采样、量化和编码3个过程。其中,采样是指每隔一定时间在语音波形上取一个幅度值,把时间上的连续信号变成离散信号,该时间间隔称为采样周期,其倒数称为采样频率;量化是指将每个采样点得到的幅度值以数字形式存储;编码是指将采样和量化后的数字数据以一定的格式记录下来。常用的编码方式有PCM编码和MP3编码。

PCM编码的抗干扰能力强、失真小、传输特性稳定,但编码后的数据量较大,基于PCM编码的文件格式为WAV,其文件扩展名为".wav",该格式的文件常用于语音识别任务中。MP3编码是一种有损压缩的编码方式,它丢弃了音频数据中对人类听觉不重要的数据,从而使文件变得很小,但是在回放时有接近原始音频的声音效果。

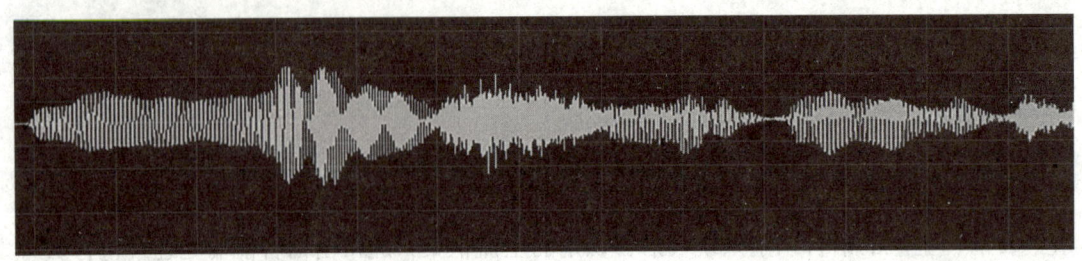

图1-4 语音波形信号

2. 数据预处理

语音数据的预处理过程主要包括预加重、分帧和加窗3个步骤。

（1）预加重。在语音录制过程中，元音等一些音素的发音包含了较多的高频信号，而高频信号易衰减、丢失，会降低模型对音素的建模能力，因此，需要采用预加重来补偿高频部分的振幅。

（2）分帧。从宏观上看，语音信号是一个非平稳信号，信号对应的特征和参数每时每刻都在发生变化。从人体的发声机理来看，肌肉的运动过程（主要是口腔肌肉变化、唇舌的位置变化）相对于信号的变化是非常缓慢的。因此，在较短的时间段内，可认为语音信号是准平稳信号（也称短时平稳信号）。故在进行语音识别时，需要将语音切分成若干个小段，这个过程称为分帧。当语音信号直接按帧长切分时，帧与帧的连接处易出现数据的剧烈变化。因此，语音分帧并不是简单地切分成段，而是要保持帧与帧之间有一定的重叠。

（3）加窗。在信号分帧过程中，整个信号被截断后，其频谱会发生畸变，从而导致频谱能量泄漏。为减少这种能量泄漏，可采用不同的截取函数对信号进行截断，这个过程称为加窗，这些截取函数称为窗函数。

高手点拨

人类对语音的感知过程与听觉系统具有频谱分析的功能密切相关。因此，对语音信号进行频谱分析是认知和处理语音信号的重要方法。经过预加重、分帧、加窗等处理的语音信号是时域信号，时域信号难以处理，需将其转换为频域信号才更容易分析。而傅里叶变换可将时域信号转换为频域信号。故在语音识别过程中，对语音信号进行预处理操作后，还需要进行傅里叶变换，以得到频域信号。

3. 特征提取

特征提取阶段的主要工作是将数字化的语音信号转换为有助于识别的特征向量，去除语音信号中的冗余信息，保留能反映语音本质的特征信息，即把每一帧波形变成一个包含声音信息的多维向量，形成特征矢量序列，以捕捉声音的频谱特性，便于后续处理。

1.2.2 解码识别

输入的语音信号进行特征提取之后,可得到一系列的观察值向量,将这些观察值向量送到解码器中进行识别,即可得到识别结果。解码器一般是基于声学模型、语言模型和发音词典等模块来识别的,这些模块可以在识别过程中动态加载,也可以预先编译成统一的静态网络,在识别前一次性加载。

在语音识别的一般过程中,声学模型(一般由大量的语音数据训练而成)可将语音的特征序列转换为音素序列,通过发音词典(发音词典包含单词及其对应的发音信息)再将音素序列转换为词序列,然后用语言模型(一般由大量的文本数据训练而成)规整约束,得到句子识别结果。例如,使用语音识别系统识别"我的老师很好"的过程如图1-5所示。

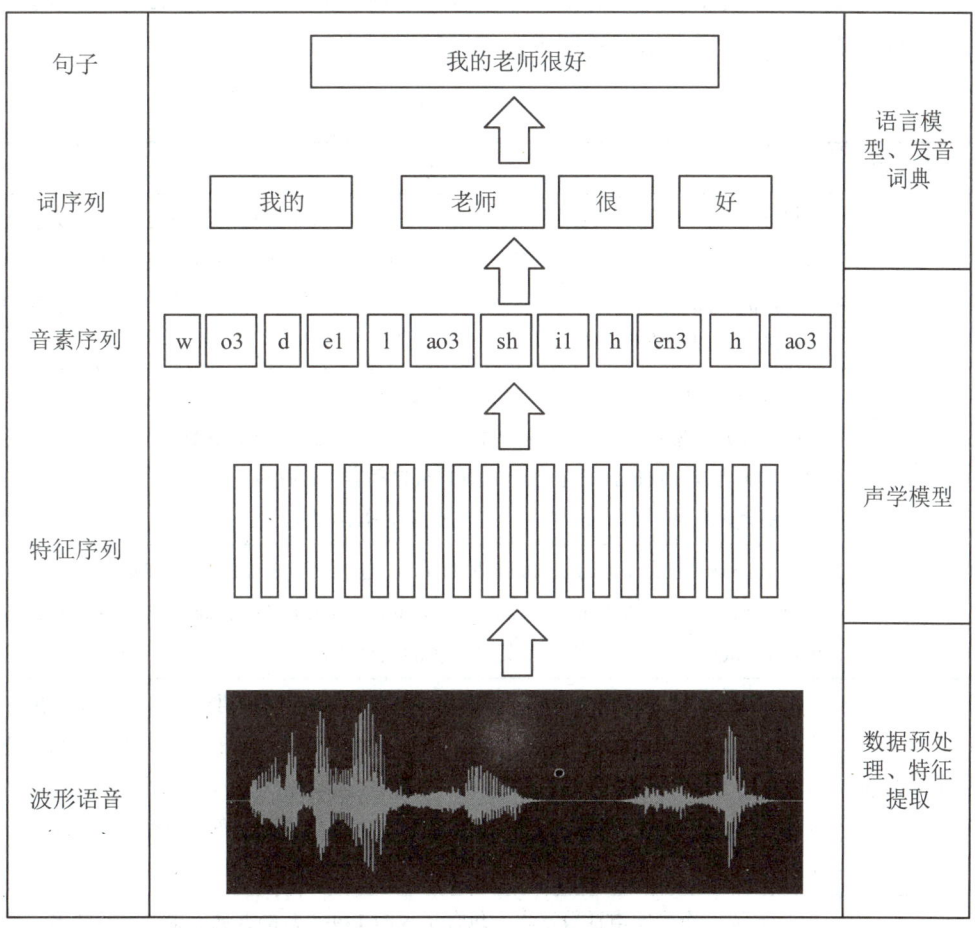

图1-5 语音"我的老师很好"的识别过程

使用语音识别系统识别"我的老师很好"时,首先需要对波形语音进行处理,提取出特征向量,然后通过声学模型对特征向量进行建模,得到相应的音素序列,再利用发音词典和语言模型规整约束,得到词序列,进而得到识别结果。

可见,基于解码器的语音识别系统的构建是一个复杂的过程,需要训练声学模型、语言模型,并将这两个模型与发音词典一起编译成解码器。其中,训练声学模型的算法主要有隐马尔可夫模型(HMM)、高斯混合模型—隐马尔可夫模型(GMM-HMM)、深度神经网络—隐马尔可夫模型(DNN-HMM)等;训练语言模型的算法主要有 N-gram 语言模型、神经网络语言模型等;解码器一般使用加权有限状态转换器(WFST)。本书后面的项目将分别对这些模块进行介绍。

1.3 语音识别常用语料库

声学模型是语音识别系统的核心部分,训练声学模型需要使用大量的语音数据,这些语音数据称为语料库。在语音识别领域中,常用的语料库如表 1-1 所示。

表 1-1 语音识别常用语料库

语料库名称	说 明
TIMIT	TIMIT 是一个英文语音识别语料库,共包含 6 300 个句子,由美国 8 个方言地区的 630 个人(每人提供 10 个句子)提供,所有句子都在音素级别进行了手动分割、标记,供研究人员使用。另外,该语料库还提供了详细的说话人信息,使用者可以更好地理解语料的内容和用途
WenetSpeech	WenetSpeech 是一个超过 10 000 小时的多领域普通话语音识别语料库,含有高质量的标注数据、弱标注数据、有标签和无标签数据,这些数据均来源于网络,有三分之二的数据来自 YouTube,三分之一的数据来自播客,包括有声书、解说、纪录片、电视剧、访谈、新闻、朗读、演讲、综艺和其他等 10 大场景
LibriSpeech	LibriSpeech 包含了超过 1 000 小时的录音,这些录音来自 LibriVox 项目的有声读物,被分为 train-clean-100、train-clean-360、train-other-500、dev-clean、dev-other、test-clean 和 test-other 七个子集,是一个英语语音的大型语料库
gale_mandarin	gale_mandarin 是一个中文广播数据集,包含了 1 000 小时的语音数据,涵盖了 2005 年至 2017 年中文新闻广播的主要内容,该数据集中每个样本都标注了语音边界(语音边界指语音信号中的自然边界或分段点,这些边界通常对应于语音中的停顿、句子结束、段落分隔等)、说话人信息、说话内容等属性,可用于语音识别、语音合成、说话人识别等任务
hkust	hkust 是一个中文电话数据集,包含了大约 149 小时的普通话电话会话语音,数据集中将受试者的出生地分为普通话占优势地区和非普通话占优势地区
thchs30	thchs30 是一个由清华大学发布的中文语音数据集,可用于语音识别研究。该数据集的总时长超过 30 小时,参与录音者大部分是会说流利普通话的大学生。录音内容包含多种主题和语境,如新闻、广播、科技等,能够提供多样性的语音数据

1.4 常用的语音识别开发工具

1.4.1 语音识别开发常用工具包

在语音识别的发展历程中，出现了很多专门用于开发语音识别系统的工具包。常用的有 HTK、Kaldi、ESPnet、WeNet 等。下面对这些常用工具包进行介绍。

（1）HTK 是一个专门用于训练和部署 HMM 的语音处理工具包，在语音识别和其他序列建模任务中被广泛使用，适合 GMM-HMM 系统的搭建。

（2）Kaldi 是一个开源的语音识别工具包，基于 C++语言编写，可以在 Windows 和 Linux 平台上编译。Kaldi 适合 DNN-HMM 系统的搭建，支持 TDNN（时延神经网络）模型，基于有限状态转换器（FST）进行解码。另外，Kaldi 还可以用于声纹识别系统的搭建。

（3）ESPnet 和 WeNet 都是端到端的语音识别工具包。其中，ESPnet 的独特之处在于它能够将整个语音处理流程无缝地整合在一起，实现端到端的自动化处理；WeNet 的核心目标是为语音识别提供一套高性能、易部署的工业级解决方案，WeNet 完全聚焦于语音识别任务，同时对于常用的语音识别应用场景也提出了一套端到端的解决方案。

1.4.2 语音识别开发常用 Python 库

开发语音识别系统常用的 Python 库有 NumPy、Matplotlib、Scikit-learn、Librosa 和 HMMlearn 等。其中，NumPy 是科学计算的基础库，可用于存储和处理大型矩阵；Matplotlib 是 Python 的一个绘图库，可生成出版级别的各种图形，如折线图、散点图、直方图等；Scikit-learn（简称 Sklearn）是一个机器学习的算法库，包含多个机器学习算法，可解决大部分小数据集的机器学习问题；Librosa 是一个用于音频和音乐分析的 Python 库，它提供了丰富的功能，使得用户能够从音频文件中提取有关音频内容的各种信息，如加载音频文件、提取特征、进行时频分析、音频效果处理等；HMMlearn 是一个专门实现隐马尔可夫模型的库，它支持多种不同类型的隐马尔可夫模型，在语音识别领域广受欢迎。

> **指点迷津**
>
> HMMlearn 库中可以调用的隐马尔可夫模型有连续模型和离散模型两种。连续模型是指数据的观测状态是连续的模型，主要算法有高斯 HMM 模型（gaussian HMM）和混合高斯分布 HMM 模型（GMM-HMM）。离散模型是指数据的观测状态是离散的模型，主要算法有多项式分布 HMM 模型（Multinomial HMM）。将这些模型进行分类，使得 HMMlearn 库在各种实际问题的建模中更加灵活。

1.4.3 深度学习主流框架 TensorFlow

随着技术的不断发展，深度学习算法逐渐应用到了语音识别、自然语言处理等多个领域。在语音识别系统中，训练声学模型、语言模型及端到端的语音识别模型都需要使用深度学习的相关算法。因此，熟悉一个深度学习的主流框架尤为重要。

TensorFlow 是一款由 Google 公司推出的开源框架，是目前使用较为广泛的深度学习框架之一，其前身是 Google 公司的神经网络算法库 DistBelief。TensorFlow 拥有多层级结构，可部署于各类服务器、个人计算机和移动平台上并支持 CPU、GPU（graphics processing unit）和 TPU（tensor processing unit），能够完成高性能的数值计算。

2019 年，Google 公司推出了 TensorFlow 2.0。相较于 TensorFlow 1.x 而言，TensorFlow 2.x 使用完全不同的架构，在编程风格、函数接口设计等方面也有较大的变化，其易用性更强。TensorFlow 2.x 使用 Keras 作为高级 API，增强了模型的部署能力，训练出的模型可在其他平台、移动端、嵌入式设备、浏览器，甚至其他语言平台部署并使用。

> **指点迷津**
>
> Keras 是一个使用 Python 编写的开源人工神经网络库，可作为 TensorFlow 的高阶应用程序接口，进行深度学习模型的设计、调试、评估、应用和可视化。在 TensorFlow 2.x 中，Keras 成为了 TensorFlow 的官方高级 API，与 TensorFlow 无缝集成。利用 TensorFlow 可以直接调用 Keras 中的函数。

1.4.4 自然语言工具包 NLTK

语言模型在语音识别系统中发挥着重要作用，它能够对词序列进行规整，进而得到句子。在语言模型的训练过程中，可能会用到自然语言工具包 NLTK（natural language toolkit）。NLTK 是用 Python 语言实现的一个自然语言工具包，它提供了大量的素材库和词库资源接口，可用于分词、词性标注、句法分析等任务。此外，NLTK 还收集了大量的公开数据集和文本处理库，可用于文本分类、语义推理等任务，为构建高效的语言模型提供了便利。

项目 1 搭建语音识别开发环境

项目实施——搭建语音识别开发环境

安装 Anaconda

1. 安装 Anaconda

步骤 1 访问 https://www.anaconda.com，打开 Anaconda 主页，向下拖动滚动条，直到出现"Anaconda Navigator"窗口界面，单击"Free Download"按钮，如图 1-6 所示。

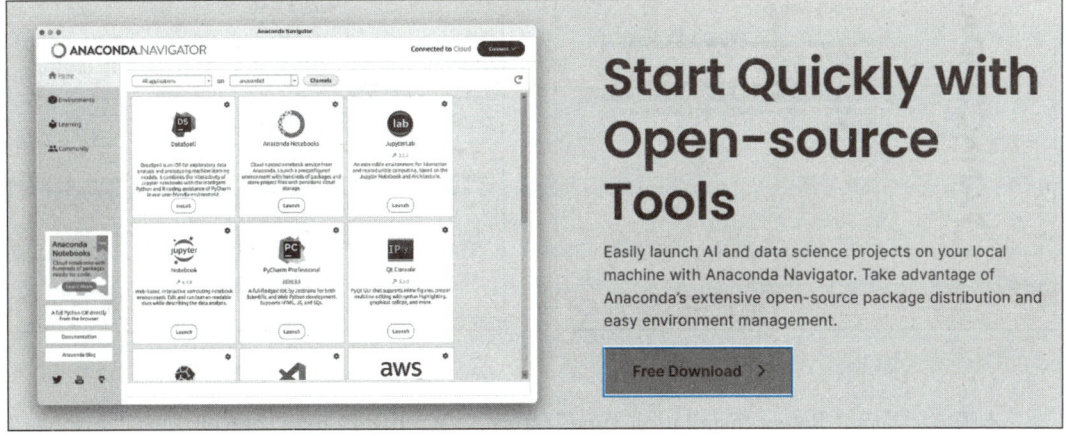

图 1-6 Anaconda 主页

步骤 2 打开下载页面，单击"Download"按钮，下载安装程序。如图 1-7 所示。

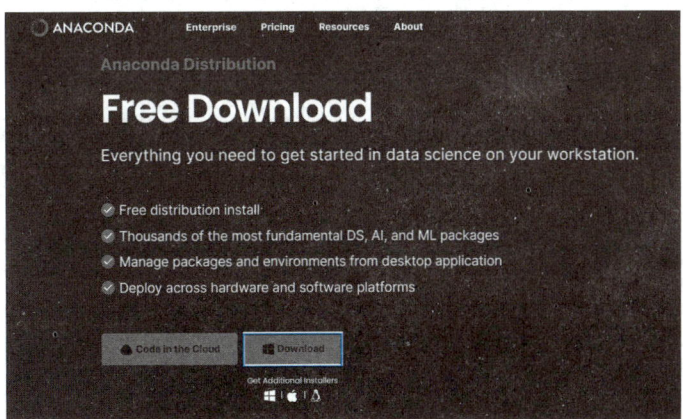

图 1-7 下载 Anaconda

指点迷津

（1）进入 Anaconda 主页后，选择"Products"→"Distribution"选项也可以进入下载页面。

> （2）如果官网下载速度较慢，也可以从清华镜像网站 https://mirrors.tuna.tsinghua.edu.cn/anaconda/archive 上下载。

步骤 3　双击下载好的 Anaconda 安装程序，在打开的对话框中单击"Next"按钮，如图 1-8 所示。

步骤 4　显示"License Agreement"界面，单击"I Agree"按钮，如图 1-9 所示。

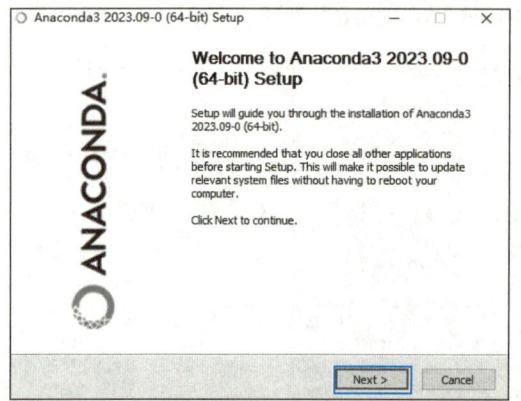
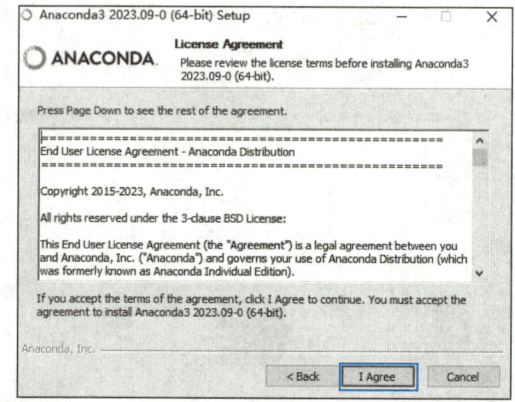

图 1-8　欢迎安装　　　　　　　　　　图 1-9　同意安装许可

步骤 5　显示"Select Installation Type"界面，在"Install for"列表中勾选"Just Me"单选钮，然后单击"Next"按钮，如图 1-10 所示。如果系统创建了多个用户并且都允许使用 Anaconda，则勾选"All Users"单选钮。

步骤 6　显示"Choose Install Location"界面，直接使用默认路径，单击"Next"按钮，如图 1-11 所示。

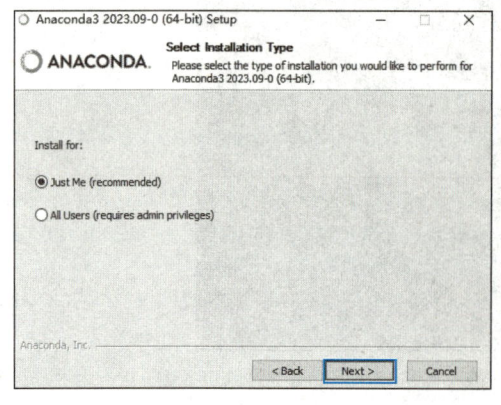
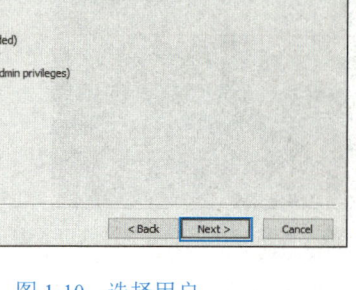

图 1-10　选择用户　　　　　　　　　　图 1-11　设置安装路径

步骤 7　显示"Advanced Installation Options"界面，勾选"Create start menu shortcuts""Add Anaconda3 to my PATH environment variable"和"Register Anaconda3 as my default Python 3.11"复选框，单击"Install"按钮，进行安装，如图 1-12 所示。

项目 1　搭建语音识别开发环境

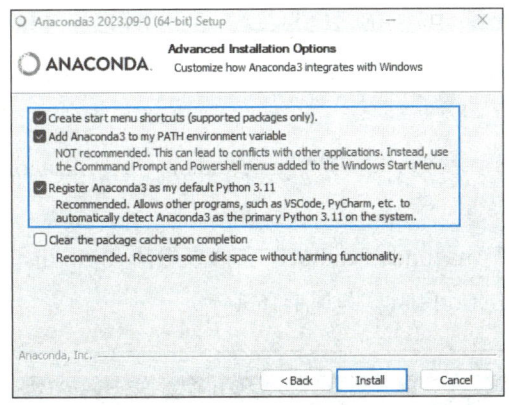

图 1-12　设置系统环境

高手点拨

勾选"Create start menu shortcuts"表示创建"开始"菜单快捷方式；勾选"Add Anaconda3 to my PATH environment variable"表示把 Anaconda3 加入环境变量；勾选"Register Anaconda3 as my default Python 3.11"表示将 Anaconda3 注册为默认安装的 Python 3.11。

步骤 8　安装完成后单击"Next"按钮，最后单击"Finish"按钮，完成 Anaconda3 的安装。

步骤 9　单击"开始"按钮，选择"Anaconda3"→"Anaconda Prompt"选项，如图 1-13 所示。

步骤 10　在打开的"Anaconda Prompt"窗口中输入"conda list"命令，按"Enter"键，如果显示很多库名和版本号列表，说明 Anaconda 安装成功，如图 1-14 所示。

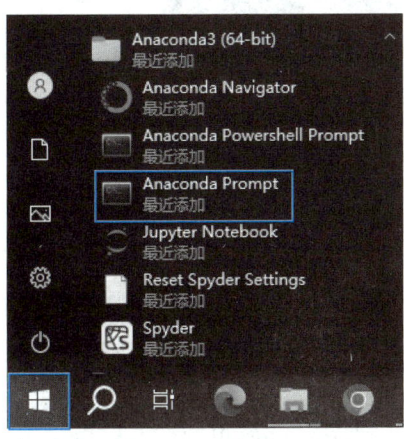

图 1-13　启动 Anaconda Prompt

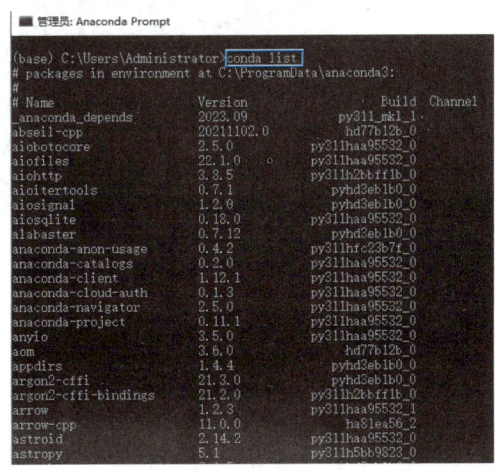

图 1-14　Anaconda 库名和版本号列表

17

2. 安装 TensorFlow

TensorFlow 有 CPU 和 GPU 两种安装版本。下面介绍 TensorFlow 的 CPU 版本安装步骤。

安装 TensorFlow

步骤 1 单击"开始"按钮，选择"Anaconda3"→"Anaconda Prompt"选项。

步骤 2 在打开的"Anaconda Prompt"窗口中输入"pip install tensorflow"命令，按"Enter"键，开始安装 TensorFlow，如图 1-15 所示。

图 1-15 TensorFlow（CPU 版本）安装界面

步骤 3 验证 TensorFlow 是否安装成功。在打开的"Anaconda Prompt"窗口中输入"pip show tensorflow"命令，按"Enter"键，如果显示 TensorFlow 的版本号，说明 TensorFlow 安装成功，如图 1-16 所示。

图 1-16 验证 TensorFlow（CPU 版本）是否安装成功

3. 安装 NLTK

安装 NLTK

步骤 1 单击"开始"按钮，选择"Anaconda3"→"Anaconda Prompt"选项。

步骤 2 在打开的"Anaconda Prompt"窗口中输入"conda install nltk"命令，按"Enter"键，安装 NLTK，如图 1-17 所示。

项目 1 搭建语音识别开发环境

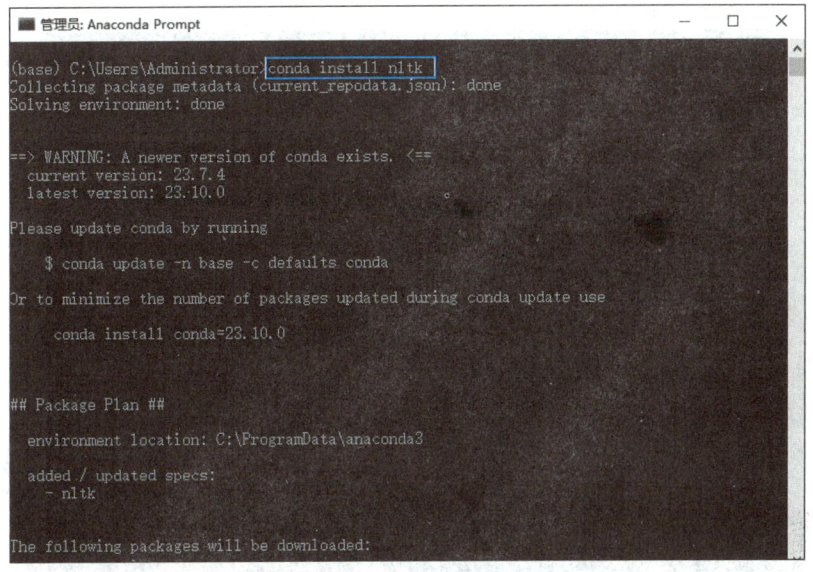

图 1-17 NLTK 安装界面

步骤 3 验证 NLTK 是否安装成功。在"Anaconda Prompt"窗口中输入"conda list"命令，按"Enter"键，显示库名和版本号列表，如果其中有"nltk"，则说明 NLTK 安装成功，如图 1-18 所示。

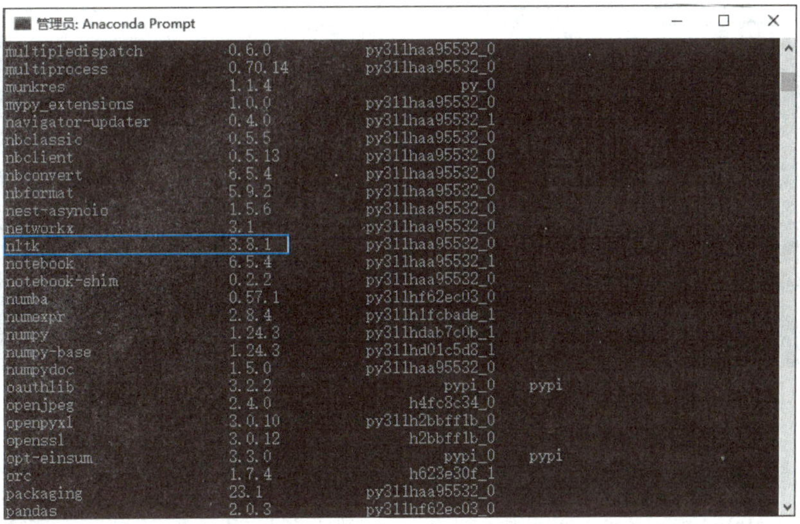

图 1-18 验证 NLTK 是否安装成功

步骤 4 安装 NLTK 数据包。在"Anaconda Prompt"窗口中输入"python"命令，按"Enter"键，进入 Python 交互式终端，在 Python 交互式终端中输入"import nltk"命令，按"Enter"键，再输入"nltk.download('all')"命令，按"Enter"键，即可安装 NLTK 数据包，如图 1-19 所示。

19

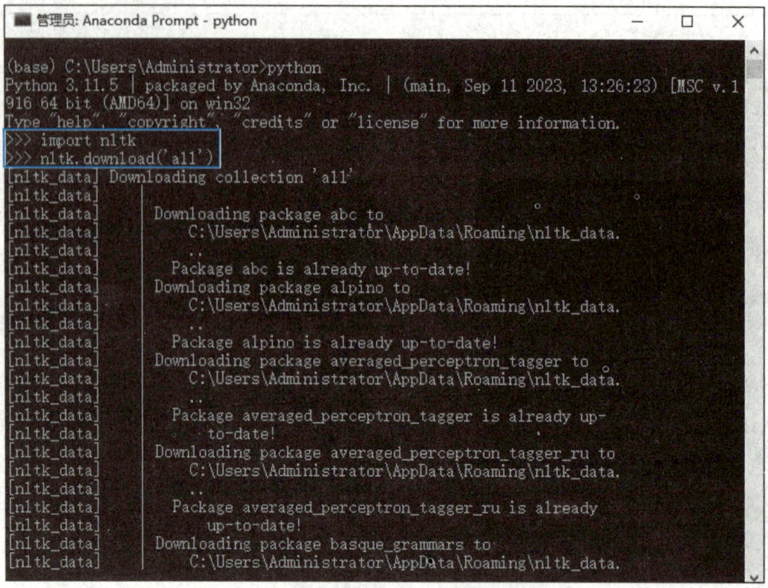

语音识别技术及应用

图 1-19　安装 NLTK 数据包

步骤 5　验证 NLTK 数据包是否安装成功。在"Anaconda Prompt"窗口中输入"from nltk.book import *"命令，并按"Enter"键运行代码，如果出现如图 1-20 所示的内容，则表示 NLTK 数据包安装成功。

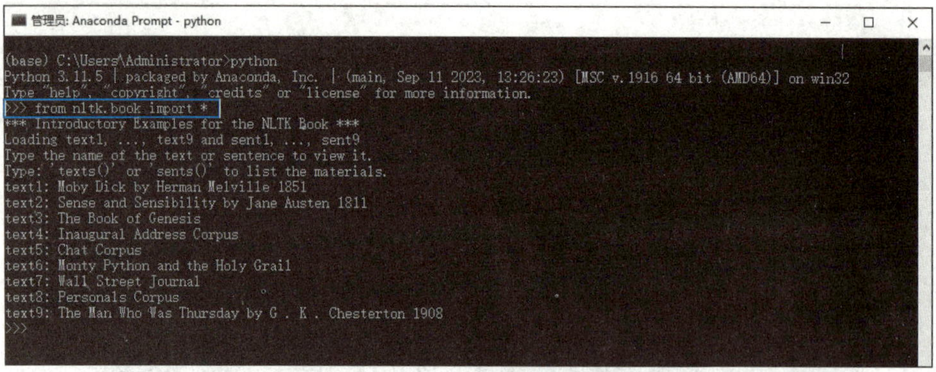

图 1-20　验证 NLTK 数据包是否安装成功

4．使用 Jupyter Notebook

Jupyter Notebook 是 Anaconda 套件中的一款基于网页的交互式计算环境，可用于创建和共享包含代码、文本和可视化内容的文档。它最初源于 IPython 项目，经过扩展和改进，支持跨所有编程语言的交互式数据科学计算。Jupyter Notebook 可以在网页上直接编写和运行代码，并可以将运行结果显示在代码下方，方便用户使用。下面介绍使用 Jupyter Notebook 编写程序的步骤。

使用 Jupyter Notebook

20

步骤 1　单击"开始"按钮,选择"Anaconda3"→"Anaconda Navigator"选项,打开"Anaconda Navigator"窗口。

步骤 2　在"Anaconda Navigator"窗口中,单击"Jupyter Notebook"→"Launch"按钮,如图 1-21 所示。

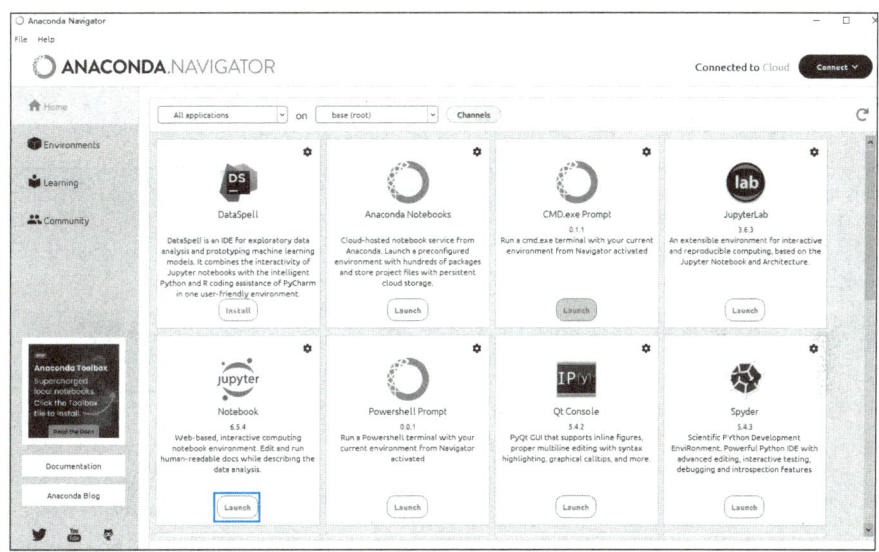

图 1-21　在"Anaconda Navigator"窗口中启动 Jupyter Notebook

高手点拨

还可以通过下面两种方法启动 Jupyter Notebook:① 单击"开始"按钮,选择"Anaconda3"→"Jupyter Notebook"选项;② 在 Windows 命令终端中输入命令"jupyter notebook"。

步骤 3　在默认的浏览器中打开 Jupyter Notebook,如图 1-22 所示。

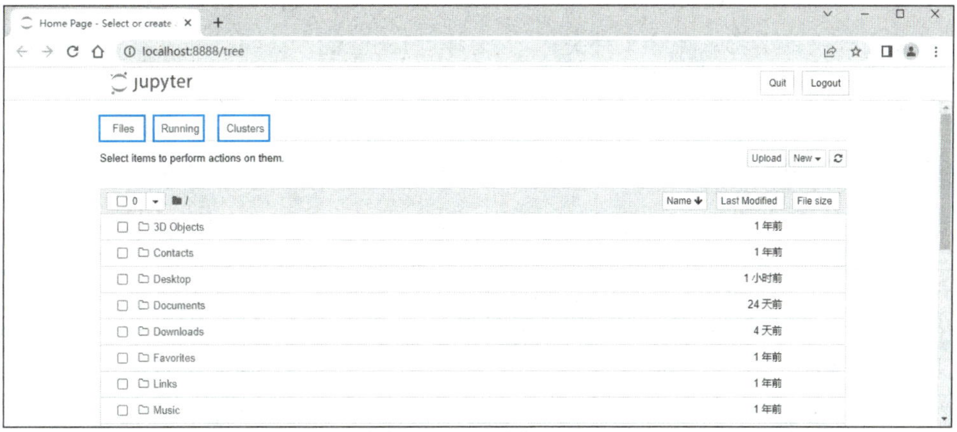

图 1-22　Jupyter Notebook 界面

语音识别技术及应用

指点迷津

Jupyter Notebook 界面的顶部有 3 个选项卡，分别是"Files""Running"和"Clusters"。其中，"Files"中列出了所有文件，"Running"中显示已经打开的终端和 Notebook 运行状况，"Clusters"由 IPython parallel 包提供，用于并行计算。

步骤 4 在 Jupyter Notebook 界面中选择"Files"→"New"→"Python 3"选项，可以新建一个 Python 3 文件，如图 1-23 所示。

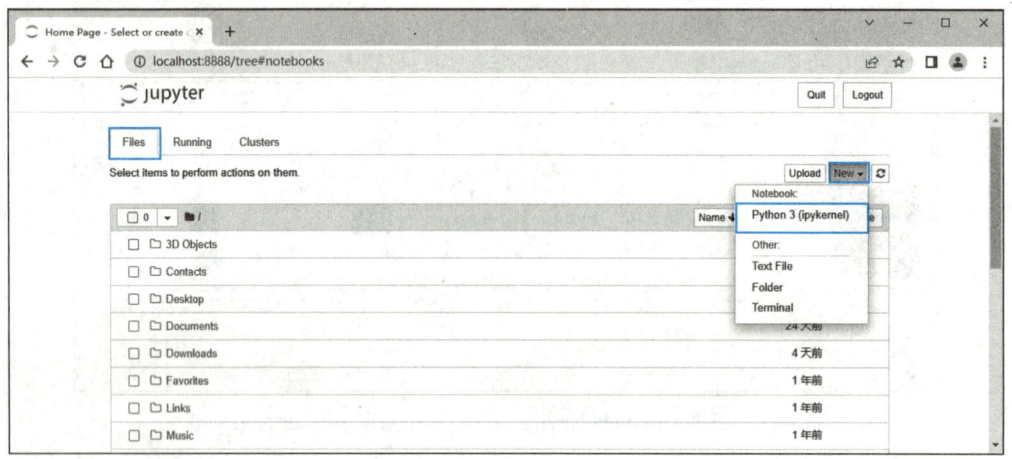

图 1-23 在 Jupyter Notebook 中新建一个 Python 3 文件

高手点拨

在 Jupyter Notebook 界面中，"New"下拉列表中除了"Python 3"选项外，还有"Text File""Folder"和"Terminal"3 个选项：① 选择"Text File"选项，会新建一个空白文档，在其中可以编辑任何字母、单词和数字，也可以选择一种编程语言，然后用该语言编写脚本；② 选择"Folder"选项，可以创建一个新文件夹，把所需文档放入其中，也可以修改文件夹的名称或删除文件夹；③ 选择"Terminal"选项，其工作方式与在个人终端上完全相同，只是将终端嵌入到 Web 浏览器中工作。

步骤 5 以 Python 3 工作方式打开 Jupyter Notebook，如图 1-24 所示。

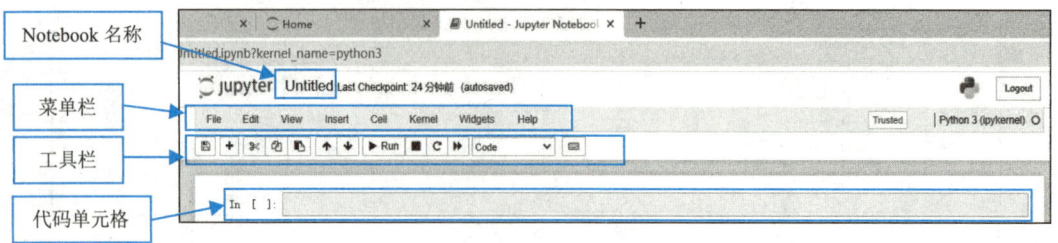

图 1-24 以 Python 3 工作方式新建文档

指点迷津

当以 Python 3 工作方式新建一个文档时，在 Jupyter Notebook 中会显示 Notebook 名称、菜单栏、工具栏和代码单元格等。单击文件名称"Untitled"会弹出一个对话框，可以对当前文档进行重命名操作。

步骤6 在代码单元格中输入以下语句，绘制语音波形图。

```
import warnings                              #导入warnings模块
warnings.filterwarnings("ignore")            #设置忽略警告
from pydub import AudioSegment               #导入AudioSegment模块
import numpy as np                           #导入NumPy库
import matplotlib.pyplot as plt              #导入Matplotlib库
audio_file_path='sample-12s.wav'             #导入语音文件
audio=AudioSegment.from_wav(audio_file_path)
                                             #读取语音文件
samples=audio.get_array_of_samples()         #获取语音数据
sound_time=audio.duration_seconds            #获取语音时长
#绘制语音波形图
plt.figure(figsize=(10,4))                   #设置画布大小
#绘制波形图，其中x轴表示时间，y轴表示语音数据
plt.plot(np.linspace(0,sound_time,len(samples)),samples)
plt.title('Waveform')                        #设置图形标题
plt.xlabel('Time(s)')                        #设置图形的x轴名称
plt.ylabel('Amplitude')                      #设置图形的y轴名称
plt.show()                                   #显示图形
```

高手点拨

（1）在编写程序之前，须将本书配套素材"item1/sample-12s.wav"文件复制到当前工作目录中，也可将其放于其他盘，如果放于其他盘，读取数据文件时要指定相应路径。

（2）pydub 是一个 Python 音频处理库，可以对音频文件进行读取、处理和输出。pydub 库在使用之前需要安装，安装步骤如下：① 在"运行"窗口中输入命令"cmd"，然后单击"确定"按钮；② 在弹出的窗口中输入命令"pip install pydub"，按"Enter"键即可自动安装 pydub 库。

（3）pydub 库 AudioSegment 模块中的 from_wav() 函数和 get_array_of_samples() 函数可分别用于加载音频文件和获取音频数据。

步骤 7 使用快捷键"Shift+Enter"或单击工具栏中的"Run"按钮，运行代码单元格中的代码，输出运行结果，并在运行结果下方产生一个新的空白代码单元格，如图 1-25 所示。

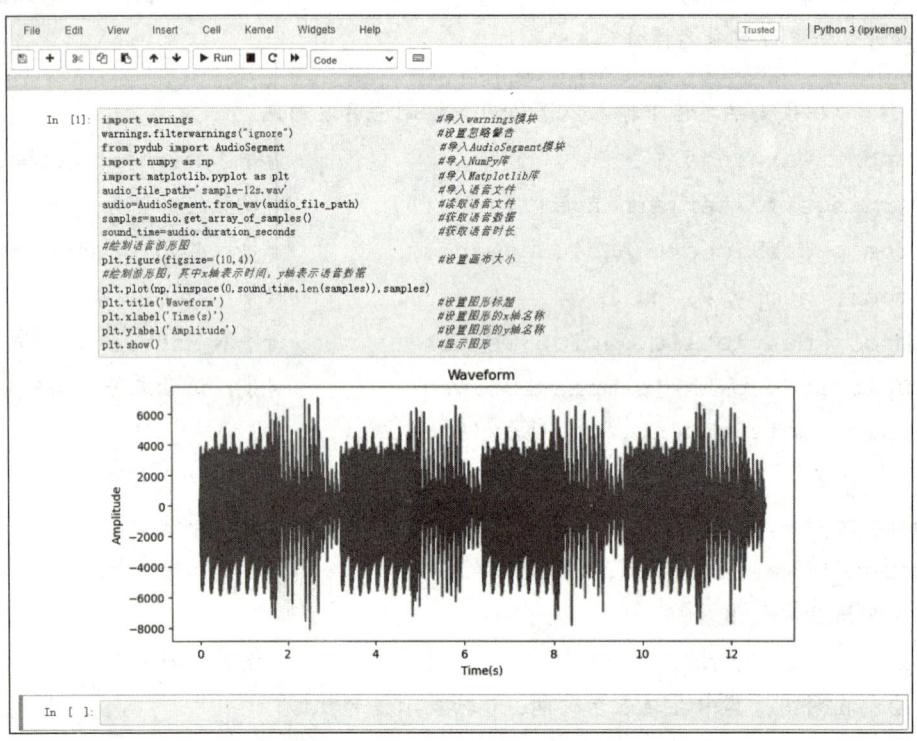

图 1-25　使用 Jupyter Notebook 运行代码

高手点拨

在 Jupyter Notebook 中，运行代码还可以使用快捷键"Alt+Enter"或"Ctrl+Enter"。其中，快捷键"Alt+Enter"表示运行当前单元格并在下方插入新的空白单元格；快捷键"Ctrl+Enter"表示运行当前单元格并进入命令模式，但不会有新的单元格产生。

项目实训

1. 实训目的

（1）能够配置 Jupyter Notebook 文件的保存位置。

（2）能够使用 Jupyter Notebook 新建文档并重命名。

（3）能够使用 Jupyter Notebook 编辑和运行 Python 程序。

2. 实训内容

（1）配置 Jupyter Notebook 文件的保存位置。

① 在空白代码单元格中输入下列代码，并运行。

```
#通过%pwd命令来获取当前文件所在位置的绝对路径
%pwd
```

② 打开资源管理器，在 E 盘新建文件夹，并命名为"jupyterfile"。

③ 在 Windows 命令窗口中，输入命令"jupyter notebook --generate-config"生成配置文件。

④ 使用记事本打开配置文件"jupyter_notebook_config.py"（配置文件的位置在上一步操作中可以查看到），搜索"_dir"，定位到配置文件的键值"c.NotebookApp.notebook_dir ="，删除其前面的注释符号"#"并将其值更改为希望保存的工作文件夹（代码前不能加空格），修改的配置文件命令（部分）如下所示，然后保存文件。

```
## The directory to use for notebooks and kernels.
#  Default: ''
c.NotebookApp.notebook_dir='E:/jupyterfile'
```

这样，在"Anaconda Navigator"窗口中打开 Jupyter Notebook 后，所创建的文件都会保存在这个文件夹中。

（2）在 Jupyter Notebook 中编辑代码并运行。

① 启动 Jupyter Notebook，以 Python 3 工作方式新建 Jupyter Notebook 文档，并重命名为"shixun1.ipynb"。

② 导入 NumPy 库、AudioSegment 和 matplotlib.pyplot 模块。

③ 导入本书提供的配套素材"sample-3s.wav"文件（文件路径为"item1/sample-3s.wav"）。

④ 读取语音文件。

⑤ 获取语音数据。

⑥ 绘制语音波形图。

3. 实训小结

按要求完成实训内容，并将实训过程中遇到的问题和解决办法记录在表 1-2 中。

表 1-2　实训过程

序　号	主要问题	解决办法

语音识别技术及应用

项目总结

完成本项目的学习与实践后，请总结应掌握的重点内容，并将图1-26的空白处填写完整。

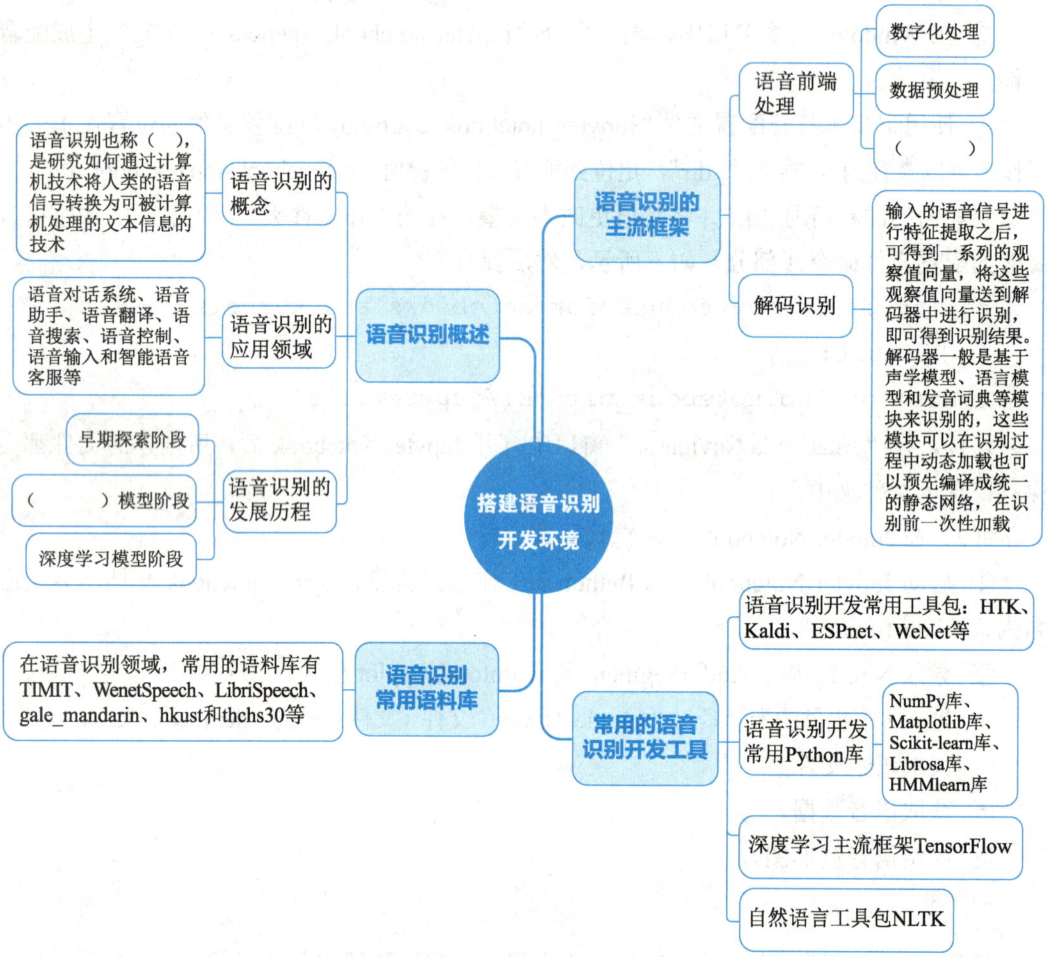

搭建语音识别开发环境

- 语音识别概述
  - 语音识别的概念：语音识别也称（   ），是研究如何通过计算机技术将人类的语音信号转换为可被计算机处理的文本信息的技术
  - 语音识别的应用领域：语音对话系统、语音助手、语音翻译、语音搜索、语音控制、语音输入和智能语音客服等
  - 语音识别的发展历程：
    - 早期探索阶段
    - （   ）模型阶段
    - 深度学习模型阶段
  - 语音识别的主流框架
    - 语音前端处理：数字化处理、数据预处理、（   ）
    - 解码识别：输入的语音信号进行特征提取之后，可得到一系列的观察值向量，将这些观察值向量送到解码器中进行识别，即可得到识别结果。解码器一般是基于声学模型、语言模型和发音词典等模块来识别的，这些模块可以在识别过程中动态加载也可以预先编译成统一的静态网络，在识别前一次性加载
- 语音识别常用语料库：在语音识别领域，常用的语料库有TIMIT、WenetSpeech、LibriSpeech、gale_mandarin、hkust和thchs30等
- 常用的语音识别开发工具
  - 语音识别开发常用工具包：HTK、Kaldi、ESPnet、WeNet等
  - 语音识别开发常用Python库：NumPy库、Matplotlib库、Scikit-learn库、Librosa库、HMMlearn库
  - 深度学习主流框架TensorFlow
  - 自然语言工具包NLTK

图1-26　项目总结

项目考核

1. 选择题

（1）语音识别的主流框架中不包含（　　）。
  A．声学模型　　　　　　　　B．语境模型
  C．发音词典　　　　　　　　D．解码器

（2）在语音识别系统中，声学模型是（　　）。
  A．将语音转换为音素序列的模型
  B．描述语音合成的模型
  C．将文本转换为语音的模型
  D．描述语音频谱的模型

（3）深度学习算法在语音识别中的作用是（　　）。
  A．提高语音合成的质量
  B．增加词汇量
  C．在大规模数据集上，提高语音识别性能
  D．减小语音识别系统的体积

（4）下列关于声学模型的描述，错误的是（　　）。
  A．声学模型是语音识别的核心部分
  B．声学模型可以理解为对声音的建模
  C．声学模型的输入是特征向量，输出是语音
  D．隐马尔可夫模型是语音识别系统中声学模型的典型算法

（5）使用 Jupyter Notebook 编辑器运行代码时，要求代码运行结果直接显示在单元格下方，并且在单元格下方又新建一个单元格，需要按（　　）快捷键。
  A．Ctrl+Enter　　　　　　　　B．Shift+Enter
  C．Shift+Ctrl　　　　　　　　D．Alt+Ctrl

2. 判断题

（1）隐马尔可夫模型是语音识别中的常用技术。（　　）
（2）端到端的语音识别模型包含声学模型和语言模型两个主要组件。（　　）
（3）语言模型在语音识别中主要负责声学特征的提取。（　　）

3. 简答题

（1）什么是语音识别？
（2）请列举语音识别技术的 5 个应用领域。

项目评价

结合本项目的学习情况，完成项目评价并将评价结果填入表 1-3 中。

表 1-3 项目评价

评价项目	评价内容	评价分数			
		分值	自评	互评	师评
项目完成度评价（20%）	项目准备阶段，回答问题是否清晰准确，能够紧扣主题，没有明显错误	5 分			
	项目实施阶段，是否能够根据操作步骤完成本项目	5 分			
	项目实训阶段，是否能够出色完成实训内容	5 分			
	项目总结阶段，是否能够正确地将项目总结的空白信息补充完整	2 分			
	项目考核阶段，是否能够正确地完成考核题目	3 分			
知识评价（30%）	是否理解语音识别的概念	5 分			
	是否了解语音识别的应用领域和发展历程	7 分			
	是否掌握语音识别的主流框架	10 分			
	是否了解常用的语音识别语料库和开发工具	8 分			
技能评价（30%）	是否能够成功搭建语音识别的开发环境	15 分			
	是否能够在 Jupyter Notebook 编辑器中独立编写、运行和调试程序	15 分			
素养评价（20%）	是否遵守课堂纪律，上课精神是否饱满	5 分			
	是否具有自主学习意识，做好课前准备	5 分			
	是否善于思考，积极参与，勇于提出问题	5 分			
	是否具有团队合作精神，出色完成小组任务	5 分			
合计	综合分数_____自评(25%)+互评(25%)+师评(50%)	100 分			
	综合等级_____	指导老师签字_____			
综合评价	最突出的表现（创新或进步）： 还需改进的地方（不足或缺点）：				

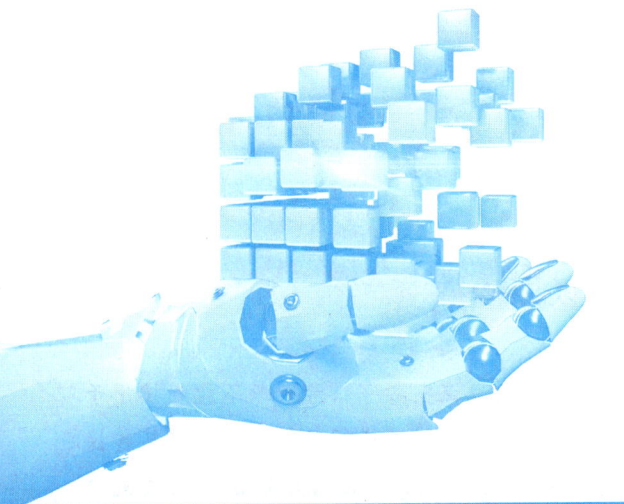

项目 2
语音特征提取

项目目标

知识目标
- 了解语音特征的提取流程。
- 理解预加重、分帧和加窗的基本原理及其实现方法。
- 理解短时傅里叶变换的基本原理和实现方法。
- 掌握语谱图特征的提取方法。
- 掌握 Fbank 特征的提取方法。
- 掌握 MFCC 特征的提取方法。

技能目标
- 能够编写程序，完成语音数据的预处理操作。
- 能够编写程序，对语音数据进行短时傅里叶变换。
- 能够编写程序，提取语音数据的语谱图、Fbank 和 MFCC 特征。

素养目标
- 学习语音数据预处理和语音特征提取的相关技术，提升逻辑推理能力。
- 掌握不同语音特征的提取方法，形成知识体系，培养系统思维。

语音识别技术及应用

项目描述

语音波形信号经过数字化处理后可转换为数字信号，这些数字信号一般不能直接用于语音识别任务。在实际的语音识别系统中，往往需要对语音信号进行特征提取，使其转换为特征向量才能用于语音识别模型的训练。语音特征提取是构建语音识别系统的关键步骤，它不仅是语音的抽象表示，更是语音在时域和频域上的一系列独特模式，反映着语音信息的丰富内涵。小旌也注意到了这一点，于是开始尝试提取"SN0006.wav"文件的语音特征。

"SN0006.wav"文件中保存着"今天打电话的人也这么说"的录音（见本书配套素材"item2/SN0006.wav"），小旌打算使用该文件进行实验，提取该文件的MFCC特征，并使用Matplotlib画图，对其进行可视化。

项目分析

按照项目要求，提取语音特征的具体步骤分解如下。

第1步：数据准备。导入本项目所需的库，然后使用Librosa库中的load()函数导入语音文件"SN0006.wav"。

第2步：提取MFCC特征。使用preemphasis()函数对语音数据进行预加重处理，然后使用mfcc()函数提取语音数据的MFCC特征并将其输出。

第3步：可视化MFCC特征。使用subplots()函数创建包含单个子图的图形，然后使用imshow()函数可视化语音数据的MFCC特征。

在提取语音特征之前，需要先学习语音特征的提取方法。本项目将对相关知识进行介绍，包含语音特征的提取流程，语音数据预处理，短时傅里叶变换，语谱图特征、Fbank特征和MFCC特征的提取方法。

项目准备

全班学生以3~5人为一组进行分组，各组选出组长，组长组织组员扫码观看"语音信号的去噪处理"视频，讨论并回答下列问题。

问题1：哪些噪声会对语音信号的识别产生影响？请列举两种。

语音信号的去噪处理

问题 2：如何在语音信号中有效去除噪声？

问题 3：去除噪声后的语音信号有什么特点？

2.1 语音特征的提取流程

原始的语音信号是不定长的时域信号，一般需要将其转换为特征向量，才能用于语音识别任务，这个转换过程称为语音特征提取。随着深度神经网络技术的发展，虽然原始语音信号也可以作为网络的输入，但是对深度神经网络提出了更高的要求。因此，语音特征提取仍是语音识别的关键技术之一。

在语音识别领域中，常见的语音特征有语谱图特征、Fbank 特征和 MFCC 特征。提取这些特征的一般流程如图 2-1 所示。

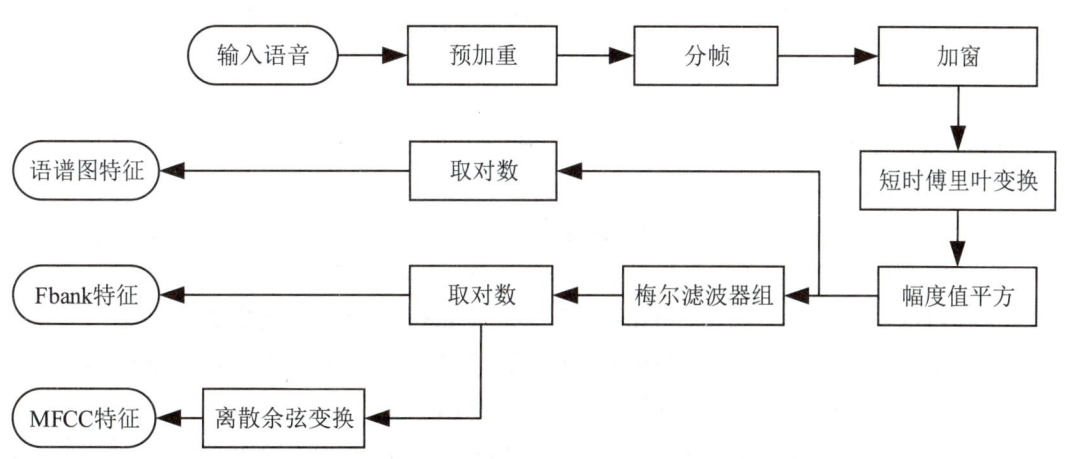

图 2-1 提取语音特征的一般流程

可见，提取 3 个语音特征之前，都需要经过预加重、分帧、加窗、短时傅里叶变换等步骤，然后各自再进行不同的处理。其中，语谱图特征需要进行取对数操作，Fbank 特征需要经过梅尔滤波器组后再取对数，而 MFCC 特征是在 Fbank 特征的基础上进行离散余弦变换得到的特征。

2.2 语音数据预处理

2.2.1 预加重

1. 预加重的基本原理

在音频采集过程中，由于传感器和麦克风等设备的特性，高频部分容易受到衰减，导致信号在这些频率上的能量相对较低，影响语音识别的准确性。为了抵消这种效应，可采用预加重的方法补偿语音信号高频部分的振幅。

假设输入语音第 n 个采样点的信号为 $X(n)$，则预加重的公式为

$$Y(n) = X(n) - aX(n-1)$$

其中，$Y(n)$ 表示预加重处理后的信号，$X(n-1)$ 表示第 $n-1$ 个采样点的信号，a 表示预加重系数，其取值范围通常为 $0.9 \leqslant a \leqslant 1$。在预加重的公式中，利用当前时刻的信号减去上一个时刻信号的一定比例，相当于高通滤波，可以提高语音信号高频部分的能量。

> **指点迷津**
>
> 高通滤波是一种过滤方式，规则为高频信号能正常通过，而低于设定临界值的低频信号则被阻隔、减弱。高通滤波器是一种允许高频信号通过、削弱或阻塞低频信号的信号处理滤波器，它去掉了信号中不必要的低频成分，可理解为去掉了低频干扰。

2. 预加重的编程实现

Librosa 库中的 preemphasis() 函数可对语音信号进行预加重处理，其语法格式如下。

```
librosa.effects.preemphasis(y,coef=0.97)
```

其中，y 表示要处理的语音信号；coef 表示预加重系数。Librosa 库在使用之前需要安装，安装方法如下：① 在"运行"窗口中输入命令"cmd"，然后单击"确定"按钮；② 在弹出的窗口中输入命令"pip install librosa"，按"Enter"键即可自动安装 Librosa 库。

【例 2-1】 导入语音文件"SN0001.wav"（见本书配套素材"item2/SN0001.wav"），并对其进行预加重处理，然后绘制处理前后的波形图。

【程序分析】 使用 Librosa 库中的 load() 函数导入语音文件"SN0001.wav"，然后使用 preemphasis() 函数对其进行预加重处理，最后使用 Matplotlib 库绘制处理前后的波形图。注意：在编写程序之前，须将"SN0001.wav"文件复制到当前工作目录中，若没有复制，则读取数据文件时要指定相应路径。

【参考代码】

```
import librosa                              #导入Librosa库
import librosa.display                      #导入画图工具
from matplotlib import pyplot as plt        #导入Matplotlib库
```

```python
plt.rc("font",family='YouYuan')                    #正常显示中文
plt.rcParams['axes.unicode_minus']=False           #正常显示负号
#导入语音文件
audio_file='SN0001.wav'
audio,s_r=librosa.load(audio_file,sr=16000)
signal=librosa.effects.preemphasis(audio,coef=1)   #预加重处理
plt.figure(dpi=300)                                #创建画布并设置图片清晰度
#绘制原始波形图
plt.subplot(2,1,1)                                 #创建子图1
librosa.display.waveshow(audio,sr=s_r)             #显示语音波形
plt.title("原始波形图",fontsize=10)                  #设置子图标题
plt.xlabel('时间',fontsize=10)                      #设置子图的x轴名称
plt.ylabel('幅度',fontsize=10)                      #设置子图的y轴名称
plt.tight_layout()                                 #调整布局
#绘制预加重后的波形图
plt.subplot(2,1,2)                                 #创建子图2
librosa.display.waveshow(signal,sr=s_r,color='r')
plt.title("预加重后的波形图",fontsize=10)            #设置子图标题
plt.xlabel('时间',fontsize=10)                      #设置子图的x轴名称
plt.ylabel('幅度',fontsize=10)                      #设置子图的y轴名称
plt.tight_layout()                                 #调整布局
plt.show()                                         #显示图形
```

【运行结果】 程序运行结果如图2-2所示。

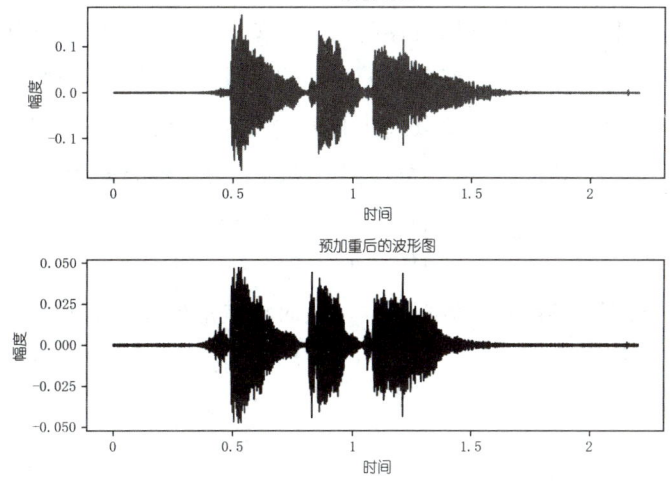

图2-2 预加重前后波形图对比

【程序说明】 tight_layout()函数可自动调整子图中坐标轴与标题之间的距离，使得图像更加紧凑、美观。在绘制多个子图时，可使用该函数来调整布局，以免各子图之间的重叠或空隙过大。

2.2.2 分帧与加窗

1. 分帧与加窗的基本原理

语音信号在短时间内（一般为10~30 ms）通常可以被认为是基本稳定的，且在这个时间段内，语音信号的频谱特性也相对稳定。因此，在语音识别之前，通常需要对语音信号进行分帧处理。分帧是指将语音信号切分成若干个短小时间段的语音信号，每个时间段内的语音信号称为一帧，帧持续的毫秒数称为帧长，帧长一般为10~30 ms。假设采样频率为16 kHz，帧长为25 ms，则每帧的采样点个数为16 000 × 0.025 = 400。

在分帧时，为确保信号的连续性，通常需要在帧与帧之间保留部分重叠数据，即下一帧的起始位置在当前帧的内部。把连续窗口的左边沿之间相距的毫秒数称为帧移，帧移一般为10 ms或帧长的一半，如图2-3所示。

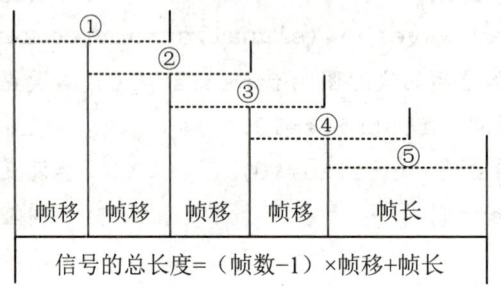

图2-3 帧长和帧移

在实际的分帧操作中，通常是用可移动的有限窗口来对语音信号进行截断，即用语音信号的信号值与窗口截取函数（窗函数）的函数值相乘，从而得到分帧后的语音信号。假设某时刻 n 的信号值为 $s(n)$，窗口截取函数的函数值为 $w_{rec}(n)$，则时刻 n 的语音信号进行分帧后的信号值为 $y(n) = s(n)w_{rec}(n)$，窗口截取函数 $w_{rec}(n)$ 的公式为

$$w_{rec}(n) = \begin{cases} 1, & 0 \leqslant n \leqslant N-1, \\ 0, & n < 0 \text{ 或 } n > N-1, \end{cases}$$

其中，N 为窗口的长度，该函数称为矩形窗，其时域波形如图2-4所示。

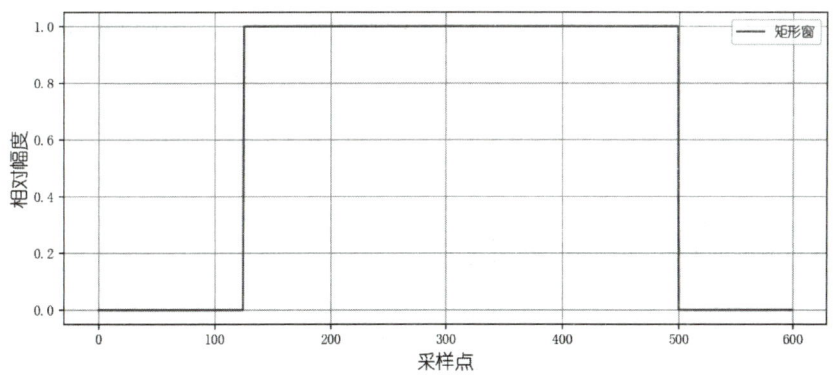

图 2-4 矩形窗的时域波形

可见,分帧相当于对语音信号进行了加矩形窗的处理。但是,加了矩形窗的语音信号,在边界处会发生频谱泄漏,为了减少频谱泄漏,提高信号分析的准确性,通常需要对每帧信号进行其他形式的加窗处理,这就需要用到其他窗函数。加窗时常用的窗函数有汉宁窗、汉明窗、正弦窗等。

指点迷津

分帧时很难保证每帧内的信号均具有周期性。信号被截断后,经过傅里叶变换,会出现原本信号中没有的频率,使得信号偏离实际值,这种现象称为频谱泄漏。通过加上合适的窗,可以抑制这些成分,使得结果更加平滑。

(1)汉宁窗。如果信号是随机信号或未知信号,或信号中有多个频率分量,测试关注更多的是频率点而非能量大小,可选择汉宁窗。汉宁窗的窗函数为

$$w_{han}(n) = \begin{cases} 0.5\left[1-\cos\left(\dfrac{2\pi n}{N-1}\right)\right], & 0 \leqslant n \leqslant N-1, \\ 0, & n<0 或 n>N-1, \end{cases}$$

汉宁窗对应的时域波形如图 2-5 所示。

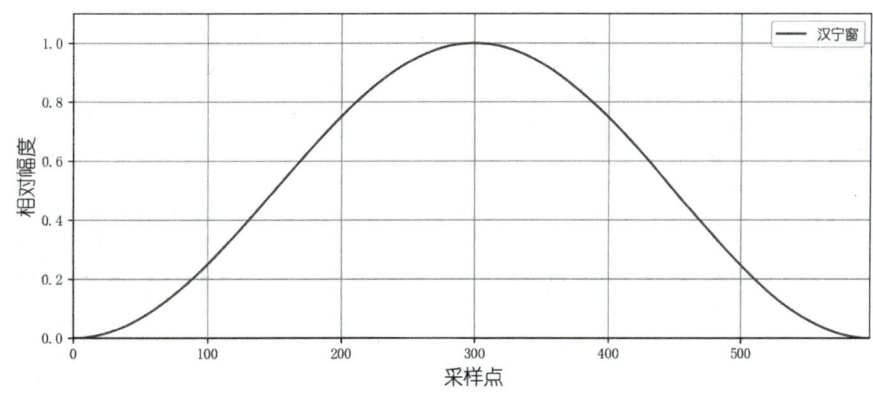

图 2-5 汉宁窗的时域波形

（2）汉明窗。汉明窗与汉宁窗同属于余弦窗函数，常用于频谱分析和滤波器组的设计。汉明窗的窗函数为

$$w_{\text{ham}}(n) = \begin{cases} 0.54 - 0.46\cos\left(\dfrac{2\pi n}{N-1}\right), & 0 \leqslant n \leqslant N-1, \\ 0, & n < 0 \text{ 或 } n > N-1, \end{cases}$$

汉明窗对应的时域波形如图 2-6 所示。

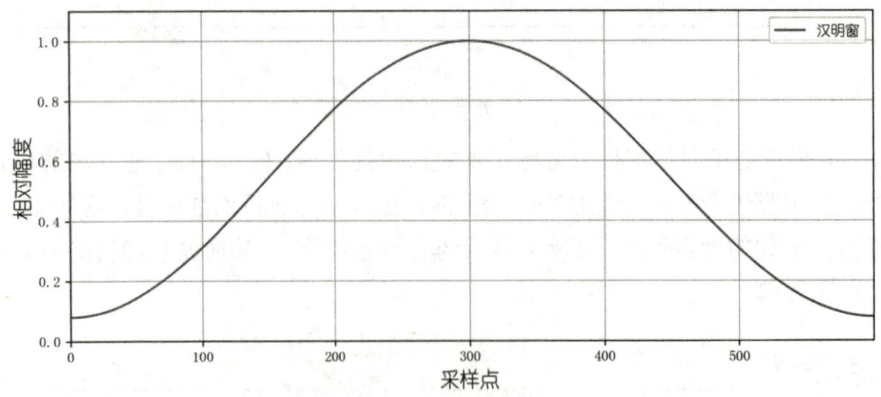

图 2-6　汉明窗的时域波形

（3）正弦窗。正弦窗适合在时域较短的信号上使用，它有助于减小频谱泄漏，使得频谱估计更加准确。正弦窗的窗函数为

$$w(n) = \begin{cases} \sin\left(\dfrac{\pi n}{N-1}\right), & 0 \leqslant n \leqslant N-1, \\ 0, & n < 0 \text{ 或 } n > N-1, \end{cases}$$

正弦窗对应的时域波形如图 2-7 所示。

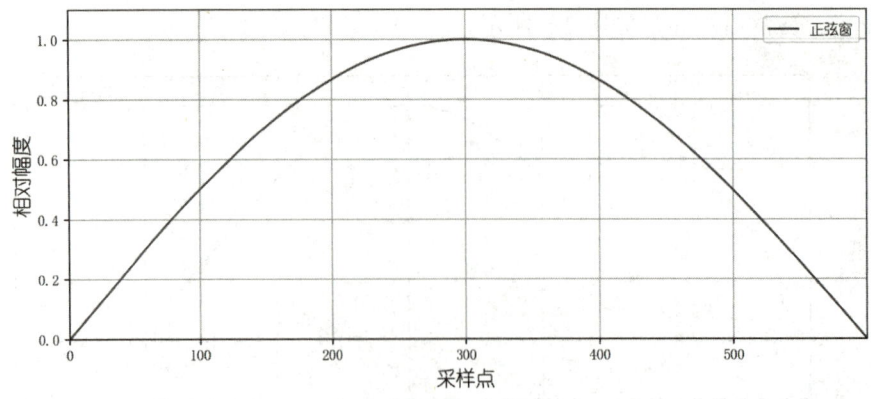

图 2-7　正弦窗的时域波形

在实际应用中，窗函数的形状是非常重要的，窗函数的选择通常取决于信号的特性以

及对频谱估计性能的要求,也可以根据实验结果选择适合特定应用场景的窗函数。

2. 分帧与加窗的编程实现

对预加重后的语音信号进行分帧与加窗处理可使用 Librosa 库中的 librosa.util.frame() 函数和 librosa.filters.get_window()函数。其中,librosa.util.frame()函数可进行重叠分帧处理;librosa.filters.get_window()函数可进行窗函数的调用。两个函数的语法格式如下。

```
librosa.util.frame(x,frame_length,hop_length)
```

其中,x 表示需要进行分帧处理的语音数据;frame_length 表示帧长(以采样点的个数为单位);hop_length 表示帧移(以采样点的个数为单位)。

```
librosa.filters.get_window(window,Nx)
```

其中,window 用于指定窗口的类型,该参数为字符串时,表示窗函数的名称;Nx 表示窗口的长度。

【例 2-2】 导入语音文件"SN0002.wav"(见本书配套素材"item2/SN0002.wav"),并对其进行分帧与加窗处理,然后绘制加窗前后第一帧数据的波形图。

【程序分析】 对语音文件"SN0002.wav"进行分帧与加窗处理并绘制加窗前后第一帧数据的波形图,其步骤如下。注意:在编写程序之前,须将"SN0002.wav"文件复制到当前工作目录中,若没有复制,则读取数据文件时要指定相应路径。

(1)定义 audioSignalFrame()函数,用于对指定语音数据进行分帧与加窗处理。

【参考代码】

```
import librosa                              #导入Librosa库
import matplotlib.pyplot as plt             #导入Matplotlib库
plt.rc("font",family='YouYuan')             #正常显示中文
plt.rcParams['axes.unicode_minus']=False    #正常显示负号
#定义分帧加窗函数
def audioSignalFrame(signal, frame_length_ms, frame_shift_ms, frame_index, window_type):
    frame_length=int(frame_length_ms/1000*sr)
                                            #计算每帧采样点的个数
    frame_shift=int(frame_shift_ms/1000*sr)
                                            #计算帧移中采样点的个数
    #分帧处理
    frames=librosa.util.frame(signal,frame_length=frame_length,hop_length=frame_shift)      #分帧
    single_frame=frames[:, frame_index]     #提取指定帧
```

```
    #加窗处理
    window_func=librosa.filters.get_window(window_type,
frame_length)
    windowed_frame=single_frame * window_func
    return single_frame, windowed_frame
```

（2）使用 Librosa 库中的 load()函数导入语音文件"SN0002.wav"，并使用自定义函数 audioSignalFrame()进行分帧与加窗处理。

【参考代码】

```
#导入语音文件
audio_file='SN0002.wav'
audio,sr=librosa.load(audio_file,sr=None)
signal=librosa.effects.preemphasis(audio,coef=1)#预加重处理
#设置帧长和帧移（单位为毫秒）
frame_length_ms=30
frame_shift_ms=15
frame_index_to_visualize=0     #选择要可视化的帧索引
original_frame,windowed_frame=audioSignalFrame(signal,
frame_length_ms,frame_shift_ms,frame_index_to_visualize,'hamming')
                               #获取第一帧的原始波形和加窗后的波形
```

（3）绘制加窗前后第一帧数据的波形图。

【参考代码】

```
plt.figure(figsize=(12,4),dpi=300)    #创建画布并设置图片清晰度
plt.subplot(1,2,1)                    #创建子图 1
plt.plot(original_frame)              #绘制原始波形图
plt.title('原始波形图')                 #设置标题
plt.subplot(1,2,2)                    #创建子图 2
plt.plot(windowed_frame)              #绘制加窗后的波形
plt.title('加窗后的波形图')             #设置标题
plt.tight_layout()                    #调整布局
plt.show()                            #显示图形
```

【运行结果】 程序运行结果如图 2-8 所示。

项目 2 语音特征提取

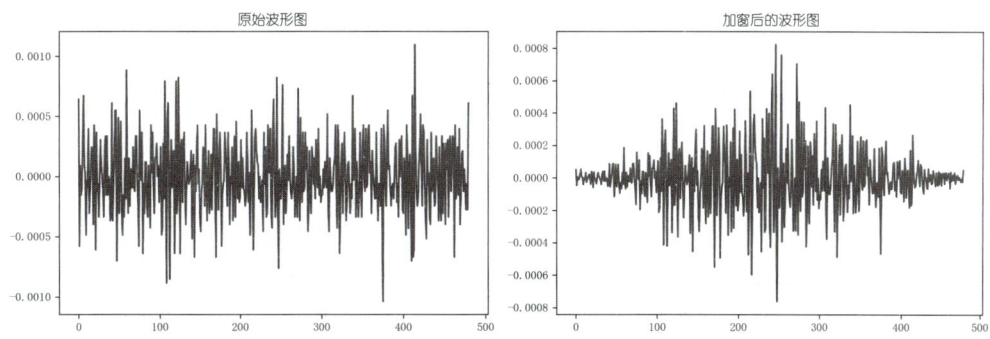

图 2-8　加窗前后第一帧语音数据的波形图对比

素养之窗

　　Speech Home 语音技术研讨会是智能语音领域非常重要的会议。自 2021 年开办以来，受到了广泛关注。会议主要对当前智能语音领域的新技术进行分享和研讨。第三届 Speech Home 语音技术研讨会在北京举办，这届研讨会覆盖 5 大主题：语音前沿技术、音频生成、音频与大模型、数据与大模型、开源技术（包括 Kaldi、ESPnet、WeNet、ModelScope、AISHELL 等），其主旨是促进产学研之间的语音技术交流，洞察未来技术的创新趋势，推动智能语音技术在前沿、开源领域的发展。

2.3　短时傅里叶变换

　　经过分帧、加窗处理后的语音信号为时域信号，时域信号一般需要转换为频域信号才能更好地进行分析，这就需要进行傅里叶变换。傅里叶变换的核心思想是将一个信号分解为不同频率的正弦波的叠加来描述信号，使得信号在频域上的特征清晰呈现。然而原始的傅里叶变换将整个信号视为静态信号，无法捕捉信号在时间上的演变。短时傅里叶变换突破了傅里叶变换的局限性，通过将信号分成短时窗口，并在每个窗口上应用傅里叶变换，实现了对信号时变性的捕捉。

2.3.1　短时傅里叶变换的基本原理

　　短时傅里叶变换（short-time fourier transform, STFT）是一项广泛使用的技术，它能够将信号切分成短时窗口，并在每个窗口上应用傅里叶变换，从而实现对信号时变性的局部化分析。利用短时傅里叶变换，既能得到语音信号整体上的频域特性，又能分析其局部的时变特性。

短时傅里叶变换的计算过程如图 2-9 所示。首先，将原始信号分成若干个窗口；然后，对每个窗口应用傅里叶变换，将时域信号转换为频域信号，需要注意的是，进行傅里叶变换通常采用的是快速傅里叶变换（fast fourier transform, FFT）算法，该算法是一种高效地计算傅里叶变换的算法；最后，将所有窗口的频域结果组合起来，形成短时傅里叶变换的结果。

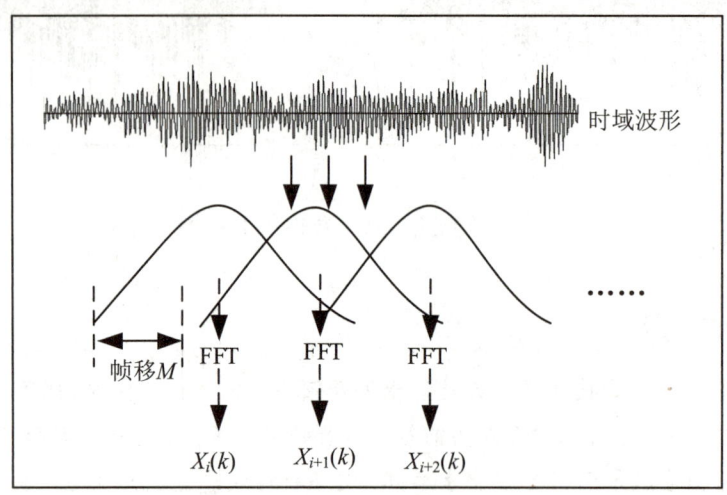

图 2-9　短时傅里叶变换的计算过程

短时傅里叶变换能够提供信号在时间和频率上的局部信息，因此适用于分析如语音信号、音乐信号等随时间变化的信号。

📖 拓展阅读

> 离散傅里叶变换（DFT）是一种将离散序列从时域转换到频域的数学工具。它是傅里叶变换的离散形式，广泛应用于信号处理、通信、音频处理等领域。DFT 可以通过不同的算法进行计算，其中最常见和高效的是快速傅里叶变换（FFT）算法。

2.3.2　短时傅里叶变换的编程实现

Librosa 库中的 stft() 函数可实现短时傅里叶变换，其语法格式如下。

```
librosa.stft(y,n_fft=2048,hop_length=None,win_length=None,window='hann')
```

其中，y 表示输入的语音信号；n_fft 表示 FFT 窗口的长度；hop_length 表示帧移（以采样点的个数为单位），如果未指定，则默认值为 win_length//4；win_length 表示每帧的窗口长度，一般默认 win_length=n_fft，若不相等，则在末尾补充零或截断；window 用于指定窗函数的类型。可见，librosa.stft() 函数中包含了分帧和加窗处理，对原始的语音信号进行预加重处理后，使用该函数可直接得到频域信号。

【例 2-3】 导入语音文件 "SN0003.wav"（见本书配套素材 "item2/SN0003.wav"），并对其进行短时傅里叶变换，然后绘制处理后的频谱图。

【程序分析】 使用 Librosa 库中的 load() 函数导入语音文件 "SN0003.wav"，然后使用 preemphasis() 函数和 stft() 函数分别对其进行预加重和短时傅里叶变换，最后使用 Matplotlib 库绘制频谱图。注意：在编写程序之前，须将 "SN0003.wav" 文件复制到当前工作目录中，若没有复制，则读取数据文件时要指定相应路径。

【参考代码】

```python
import librosa                              #导入 Librosa 库
import numpy as np                          #导入 NumPy 库
import matplotlib.pyplot as plt             #导入 Matplotlib 库
plt.rc("font",family='YouYuan')             #正常显示中文
#导入语音文件
audio_file="SN0003.wav"
x,sr=librosa.load(audio_file,sr=16000)
signal=librosa.effects.preemphasis(x,coef=1)    #预加重处理
ft=librosa.stft(signal)                         #进行短时傅里叶变换
magnitude=np.abs(ft)                            #对 ft 的结果取绝对值
frequency=np.linspace(0,sr,len(magnitude))
                                                #生成等间距的频率序列
plt.figure(dpi=300)                             #创建画布并设置清晰度
plt.plot(frequency[:40000], magnitude[:40000])  #绘制频谱图
plt.xlabel("频率")                              #设置 x 轴标题
plt.ylabel("幅度")                              #设置 y 轴标题
plt.show()                                      #显示图形
```

【运行结果】 程序运行结果如图 2-10 所示。

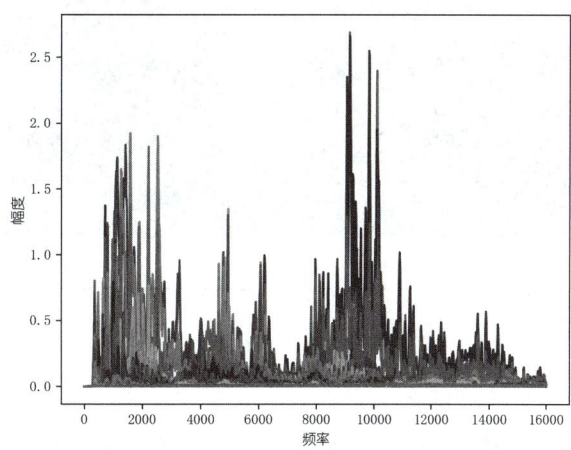

图 2-10 语音文件 "SN0003.wav" 的频谱图

指点迷津

各种声源发出的声音大多是由多种不同强度、不同频率的声音组成的复合音。在复合音中，不同频率成分的声波具有不同的能量，这种频率成分与能量分布的关系称为声音的频谱，可用频谱图来表示。频谱图的横轴为各频率成分，纵轴为各频率对应的能量。

2.4 语音特征的提取

2.4.1 提取语谱图特征

1. 语谱图特征分析

语谱图是一种将信号在时间和频率上进行可视化的方法，常用于语音信号分析。语谱图提供的是信号在一个时间点的频率信息，捕捉的是不同频段的语音信号强度随时间的变化情况。它的横坐标为时间，纵坐标为频率，用颜色深浅表示频谱值的大小，颜色越深，频谱值越大。

将原始语音信号进行预加重、分帧和加窗处理；然后对每帧语音信号进行短时傅里叶变换，将信号从时域转换为频域，得到其频谱；最后对得到的频谱信号取幅度值平方，再取对数即可得到语谱图特征，如图 2-11 所示。

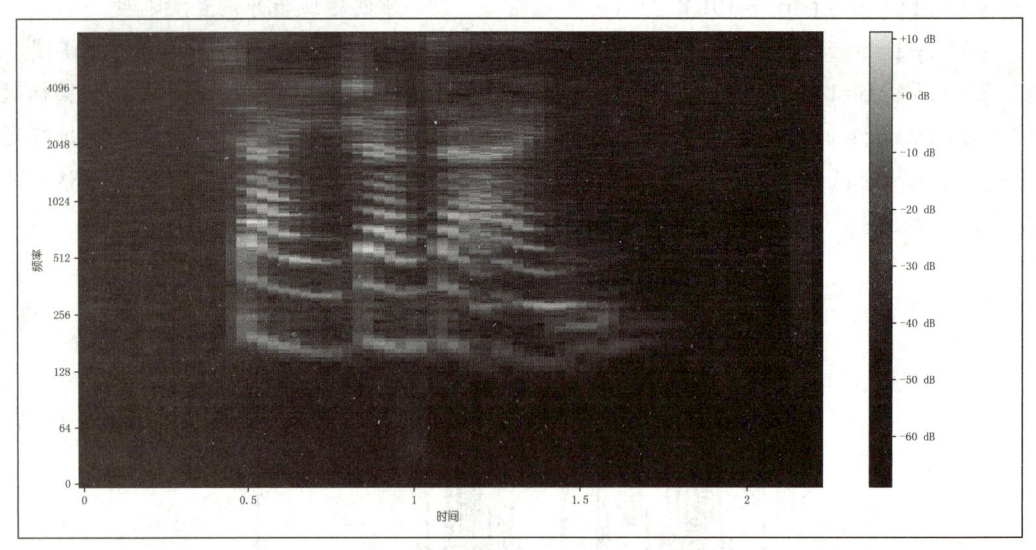

图 2-11 语谱图特征

2. 语谱图特征的提取方法

短时傅里叶变换得到频域信号后，使用 NumPy 库中的 power() 函数可对频域信号取幅度值平方，再使用 Librosa 库中的 power_to_db()函数将幅度值的平方（功率谱）转换为以分贝（dB）为单位的值，即可得到语谱图特征。librosa.power_to_db()函数在计算分贝值时内部进行了取对数操作。librosa.power_to_db()函数的语法格式如下。

```
librosa.power_to_db(S,ref=1.0)
```

其中，S 表示输入的幅度值平方；ref 表示参考幅度，转换后的分贝值以 ref 的值为参考进行缩放。

【例 2-4】 导入语音文件"SN0004.wav"（见本书配套素材"item2/SN0004.wav"），并提取该语音文件的语谱图特征，然后绘制语谱图。

【程序分析】 要提取语音文件的语谱图特征，首先需要对语音信号进行预加重处理；然后使用 librosa.stft()函数对语音信号进行分帧、加窗、短时傅里叶变换等处理，将一维的时域语音信号转换为二维特征频域信号；最后使用 np.power()函数和 librosa.power_to_db()函数进行处理即可。注意：在编写程序之前，须将"SN0004.wav"文件复制到当前工作目录中，若没有复制，则读取数据文件时要指定相应路径。

【参考代码】

```python
import numpy as np                                  #导入 NumPy 库
import librosa                                      #导入 Librosa 库
#导入画图工具
import librosa.display
import matplotlib.pyplot as plt
plt.rc("font",family='YouYuan')                     #正常显示中文
#导入语音文件
audio_file='SN0004.wav'
audio,sr=librosa.load(audio_file,sr=16000)
audio=librosa.effects.preemphasis(audio)            #预加重处理
d_librosa=librosa.stft(audio)                       #短时傅里叶变换
#提取语谱图特征
magnitude_librosa=np.abs(d_librosa)                 #取绝对值
power_librosa=np.power(magnitude_librosa,2)         #取幅度值平方
db_librosa=librosa.power_to_db(power_librosa,ref=1.0)
             #转换为以分贝为单位的值（内部取对数），得到语谱图特征
#可视化语谱图特征
plt.figure(figsize=(12,6))                          #创建画布并设置画布大小
librosa.display.specshow(db_librosa,sr=sr,x_axis='time',y_axis='log')
                                                    #显示语谱图
```

```
plt.colorbar(format='%+2.0f dB')        #添加颜色条，并设置格式
plt.xlabel('时间',fontsize=10)           #设置 x 轴标题
plt.ylabel('频率',fontsize=10)           #设置 y 轴标题
plt.tight_layout()                       #调整布局
plt.show()                               #显示图形
```

【运行结果】　程序运行结果如图 2-12 所示。

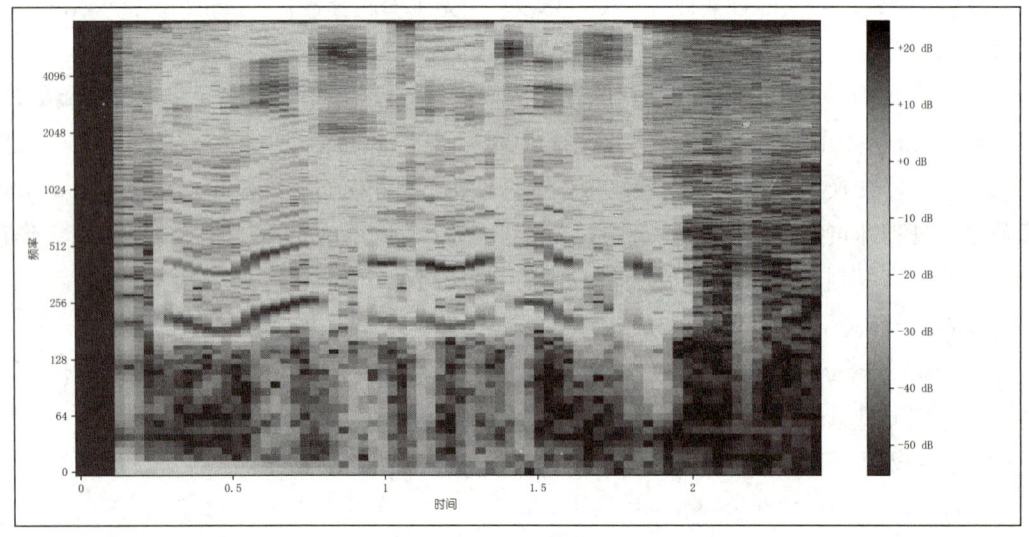

图 2-12　语音文件"SN0004.wav"的语谱图特征

【程序说明】　① Librosa 库中的 specshow()函数可对语谱图进行可视化，该函数的主要参数有 data、x_axis 和 y_axis，参数 data 用于指定要显示的矩阵，参数 x_axis 和 y_axis 用于指定 x 轴和 y 轴的取值，y_axis='log'表示 y 轴的取值为对数频率；② colorbar()函数用于生成颜色条，以便查看数据的值与颜色之间的对应关系，参数 format 用于设置颜色条上刻度的格式，包括正负号和数据类型等。

2.4.2　提取 Fbank 特征

1. Fbank 特征分析

人耳对声音频谱的响应是非线性的，如果我们能够设计一种前端处理算法，以类似于人耳的方式对音频进行处理，就可以提高语音识别的性能。Fbank（滤波器组）特征就是这样的一种算法。Fbank 特征在语音识别中应用广泛，能够提供较好的频谱表达，是语音信号处理领域中常用的一种特征表示方法。

原始的语音信号经过预加重、分帧、加窗、短时傅里叶变换等处理后会转换为频域信号。在频域信号中设计一组滤波器（通常是三角滤波器，这些滤波器通常在梅尔频率尺度上均

匀分布），模拟人耳对声音的感知，然后将滤波器组应用于频谱中，即可计算出每个滤波器的能量。对每个滤波器的能量取对数，即可得到 Fbank 特征。

 指点迷津

滤波器组通常取 40 个，进行对数操作后，即可得到 40 维的 Fbank 特征。

2. Fbank 特征的提取方法

Librosa 库中的 melspectrogram()函数可计算语音数据的梅尔频谱，其语法格式如下。

```
librosa.feature.melspectrogram(y=signal,sr=s_r,n_fft=2048,n_mels=40,hop_length=512,window="hann")
```

其中，y 表示输入的语音时域信号；sr 表示输入信号的采样频率；n_fft 表示 FFT 窗口的长度；n_mels 表示梅尔滤波器组的数量；hop_length 表示帧移（以采样点的个数为单位）；window 用于指定窗函数的类型。可见，该函数中包含了分帧、加窗和短时傅里叶变换等处理过程，对原始数据进行预加重处理后，可直接使用该函数和 librosa.power_to_db()函数得到 Fbank 特征。

【例 2-5】 导入语音文件"SN0005.wav"（见本书配套素材"item2/SN0005.wav"），并提取该语音文件的 Fbank 特征。

【程序分析】 要提取语音文件的 Fbank 特征，首先需要对语音信号进行预加重处理，然后使用 Librosa 库中的 melspectrogram()函数和 power_to_db()函数进行处理即可。注意：在编写程序之前，须将"SN0005.wav"文件复制到当前工作目录中，若没有复制，则读取数据文件时要指定相应路径。

【参考代码】

```
import librosa                                  #导入Librosa库
#导入语音文件
audio_file='SN0005.wav'
audio,s_r=librosa.load(audio_file,sr=16000)
signal=librosa.effects.preemphasis(audio)   #预加重处理
#计算梅尔频谱
mel_spec_librosa=librosa.feature.melspectrogram(y=signal,sr=s_r,n_fft=2048,n_mels=40,hop_length=512,win_length=None,window="hann")
fbank=librosa.power_to_db(mel_spec_librosa)
                    #转换为以分贝为单位的值（内部取对数），得到Fbank特征
print(fbank)
```

【运行结果】 程序运行结果如图 2-13 所示。

```
[[-79.28473  -76.29815  -76.32261  ... -77.572914 -77.16406  -74.855484]
 [-66.597755 -64.73067  -62.505043 ... -63.715546 -67.45961  -66.666214]
 [-62.830658 -58.063995 -52.45033  ... -58.927284 -58.71163  -59.841705]
 ...
 [-55.63665  -52.990143 -51.628    ... -51.83968  -50.759167 -52.1214  ]
 [-55.564686 -52.99991  -51.416393 ... -52.61879  -51.4439   -52.933903]
 [-58.173157 -55.53813  -54.548355 ... -54.793354 -54.4136   -54.81194 ]]
```

图 2-13 语音文件"SN0005.wav"的 Fbank 特征

2.4.3 提取 MFCC 特征

1. MFCC 特征分析

在语音信号处理和语音识别领域中，MFCC（梅尔频率倒谱系数）特征是一种应用较广泛的语音特征。它聚焦于语音信号中对人耳感知更为敏感的频率范围，强调声音的音调和能量分布，能够反映人对语音的感知特性。

MFCC 特征是在 Fbank 特征的基础上进行离散余弦变换（DCT）得到的特征。离散余弦变换是傅里叶变换的一个变种，能够将一个有限长度的序列（通常是一维或二维的数字信号）转换成一组余弦函数系数。离散余弦变换的引入有助于减小特征的维度，保留关键信息，提高计算效率，使得 MFCC 特征更适合作为模型的输入。

> **高手点拨**
>
> 在情感分析任务中，MFCC 特征可用于提取语音中的情感信息。例如，通过分析语音中的音调和共振特征，可以推测说话者的情感状态。

2. MFCC 特征的提取方法

Librosa 库中的 mfcc()函数可提取语音信号的 MFCC 特征，其语法格式如下。

```
librosa.feature.mfcc(y=audio,sr=s_r,n_mfcc=12,dct_type=2,
norm="ortho",n_fft=2048,n_mels=40,hop_length=512)
```

其中，y 表示输入的语音时域信号；sr 表示输入信号的采样频率；n_mfcc 表示要返回的 MFCC 系数的数量，该参数的常见取值为 12；dct_type 用于指定计算离散余弦变换的类型，其取值通常为 2，表示使用 DCT-II 进行计算；norm 是离散余弦变换的归一化参数，其值为"ortho"时，表示使用正交归一化；n_fft 表示 FFT 窗口的长度；n_mels 表示梅尔滤波器组的数量；hop_length 表示帧移（以采样点的个数为单位）。可见，该函数中包含了分帧、加窗和短时傅里叶变换等处理过程，对原始数据进行预加重处理后，可直接使用该函数得到 MFCC 特征。

项目实施 ——MFCC 特征的提取与可视化

1. 数据准备

步骤1　导入 Librosa 和 Matplotlib 库。
步骤2　使用 Librosa 库中的 load() 函数导入语音文件 "SN0006.wav"。

MFCC 特征的
提取与可视化

指点迷津

开始编写程序前,须将本书配套素材 "item2/SN0006.wav" 文件复制到当前工作目录中,也可将其放于其他盘,如果放于其他盘,读取数据文件时要指定相应路径。

【参考代码】

```python
import librosa                              #导入 Librosa 库
from matplotlib import pyplot as plt        #导入 Matplotlib 库
plt.rc("font",family='YouYuan')             #正常显示中文
#导入语音文件
audio_file='SN0006.wav'
audio,s_r=librosa.load(audio_file,sr=16000)
```

2. 提取 MFCC 特征

步骤1　使用 preemphasis() 函数对语音数据进行预加重处理。
步骤2　使用 mfcc() 函数提取语音数据的 MFCC 特征。
步骤3　输出语音数据的 MFCC 特征。

【参考代码】

```python
signal=librosa.effects.preemphasis(audio)   #预加重处理
mfcc_api_librosa=librosa.feature.mfcc(y=signal,sr=s_r,n_mfcc=12,dct_type=2,norm="ortho",n_fft=2048,n_mels=40,hop_length=512)
                                            #提取 MFCC 特征
print(mfcc_api_librosa)
```

【运行结果】　程序运行结果如图 2-14 所示。

```
[[-312.04504    -292.3517    -296.66647   ... -349.21866   -348.6665
  -357.11084 ]
 [ -22.749805   -25.499662   -23.480778  ...  -20.05713    -19.123981
   -18.435162]
 [ -24.845806   -28.10905    -29.656982  ...   -1.0330817   -0.7967383
    -1.4280436]
 ...
 [  -8.751539    -5.165489    -4.6456585 ...   -3.927703    -4.630326
    -4.897264]
 [  -4.086974    -5.0852556   -4.6276765 ...   -7.213887    -7.841143
    -7.9035482]
 [   2.4740276    2.2673657    3.4937558 ...   -5.934261    -5.7215757
    -6.198395]]
```

图 2-14 语音文件"SN0006.wav"的 MFCC 特征

3. 可视化 MFCC 特征

步骤 1 使用 subplots() 函数创建包含单个子图的图形,并设置图形 x 轴和 y 轴的标题。

步骤 2 使用 imshow() 函数可视化语音数据的 MFCC 特征。

```
fig,axs=plt.subplots(1,1,dpi=300)            #创建包含单个子图的图形
axs.set_ylabel("频率")                        #设置 y 轴标题
axs.set_xlabel("帧数")                        #设置 x 轴标题
im=axs.imshow(mfcc_api_librosa,origin="lower",aspect="auto")
                                             #可视化 MFCC 特征
fig.colorbar(im,ax=axs,format='%+2.0f dB')   #添加颜色条,并设置格式
plt.show()                                   #显示图形
```

【运行结果】 程序运行结果如图 2-15 所示。

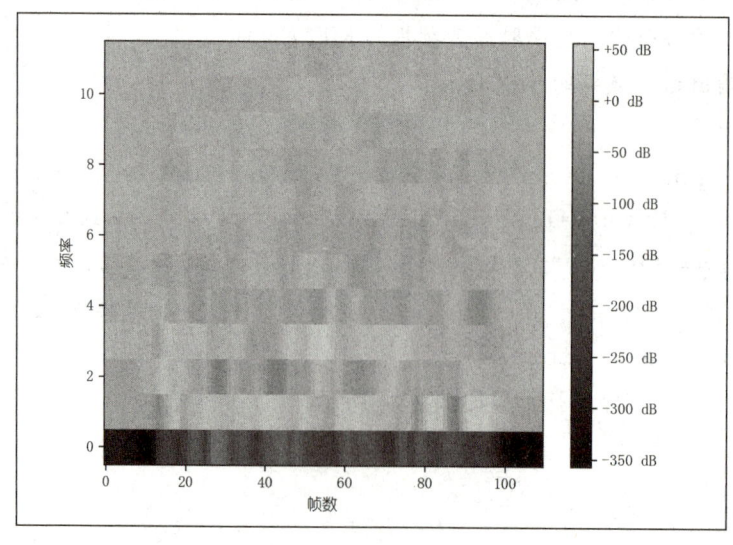

图 2-15 MFCC 特征的可视化结果

高手点拨

imshow(mfcc_api_librosa,origin="lower",aspect="auto")是 Matplotlib 库中用于显示图像的函数，其参数 origin 用于设定坐标原点的位置，参数值"lower"表示坐标原点的位置在左下角；参数 aspect 用于控制图像的纵横比。

项目实训

1. 实训目的

（1）掌握 WAV 语音文件的导入方法和可视化方法。

（2）掌握 Fbank 特征的提取方法。

（3）掌握 Fbank 特征的可视化方法。

2. 实训内容

导入语音文件"SN0007.wav"（见本书配套素材"item2/SN0007.wav"），对该文件进行预加重处理，绘制预加重处理前后的波形图，然后提取这个语音文件的 Fbank 特征并进行可视化。

（1）启动 Jupyter Notebook，以 Python 3 工作方式新建 Jupyter Notebook 文档，并重命名为"item2Fbank.ipynb"。

（2）导入 Librosa 和 Matplotlib 库。

（3）使用 Librosa 库中的 load()函数导入语音文件。

（4）对语音文件"SN0007.wav"进行预加重处理。

（5）对预加重处理前后的语音文件进行可视化。

（6）提取并输出语音文件的 Fbank 特征。

（7）使用 imshow()函数对 Fbank 特征进行可视化。

3. 实训小结

按要求完成实训内容，并将实训过程中遇到的问题和解决办法记录在表 2-1 中。

表 2-1 实训过程

序　号	主要问题	解决办法

项目总结

完成本项目的学习与实践后，请总结应掌握的重点内容，并将图 2-16 的空白处填写完整。

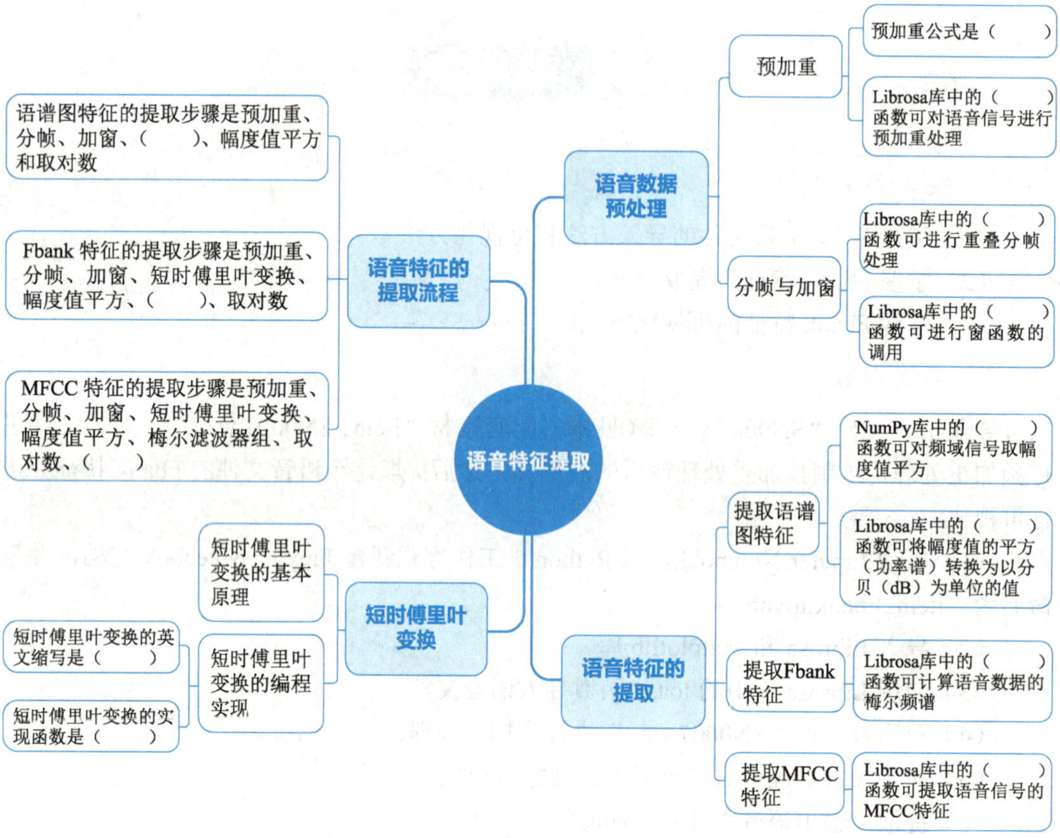

图 2-16 项目总结

项目考核

1. 选择题

（1）常用的语音特征不包括（　　）。

　　A．语谱图　　　　B．Fbank　　　　C．MFCC　　　　D．HMM

（2）下列关于预加重公式 $Y(n) = X(n) - aX(n-1)$ 的说法，错误的是（　　）。

　　A．a 是预加重系数　　　　　　　　B．a 的取值范围通常为 0.9～1

　　C．a 的默认取值为 0.85　　　　　　D．它相当于高通滤波

（3）当利用 Librosa 库可视化语谱图特征时，应调用（　　）函数。

  A．librosa.amplitude_to_db()　　　　B．librosa.amplitude_db()

  C．librosa.feature()　　　　　　　　D．librosa.display.specshow()

（4）提取语谱图特征的一般步骤包含预加重、分帧、加窗、（　　）、幅度值平方和取对数等操作。

  A．梅尔滤波器　　　　　　　　　　B．傅里叶逆变换

  C．短时傅里叶变换　　　　　　　　D．线性预测

（5）MFCC 特征的主要应用场景是（　　）。

  A．网络搜索和广告投放　　　　　　B．语音识别和音频分类

  C．股票分析和预测　　　　　　　　D．手机支付和身份认证

2．填空题

（1）在 Fbank 特征的基础上，加上_____操作，即可得到 MFCC 特征。

（2）在语音数据的预处理过程中，由于传感器和麦克风等设备的特性，高频部分容易受到衰减，导致信号在这些频率上的能量相对较低。为了解决这个问题，应采用_____操作。

（3）_____的横坐标为时间，纵坐标为频率，用颜色深浅表示频谱值的大小，颜色越深，频谱值越大。

3．简答题

（1）什么是语音特征提取？

（2）在语音识别中，分帧、帧长和帧移分别指什么？

（3）请画出 Fbank 特征的提取流程图。

📓 项目评价

结合本项目的学习情况，完成项目评价并将评价结果填入表 2-2 中。

表 2-2　项目评价

评价项目	评价内容	评价分数			
		分值	自评	互评	师评
项目完成度评价（20%）	项目准备阶段，回答问题是否清晰准确，能够紧扣主题，没有明显错误	5 分			
	项目实施阶段，是否能够根据操作步骤完成本项目	5 分			
	项目实训阶段，是否能够出色完成实训内容	5 分			
	项目总结阶段，是否能够正确地将项目总结的空白信息补充完整	2 分			
	项目考核阶段，是否能够正确地完成考核题目	3 分			
知识评价（30%）	是否了解语音特征的提取流程	5 分			
	是否理解语音数据预处理、短时傅里叶变换的基本原理	10 分			
	是否掌握语谱图、Fbank 和 MFCC 特征的提取方法	15 分			
技能评价（30%）	是否能够编写程序，完成语音数据的预处理操作	10 分			
	是否能够编写程序，对语音数据进行短时傅里叶变换	5 分			
	是否能够编写程序，提取语音数据的语谱图、Fbank 和 MFCC 特征	15 分			
素养评价（20%）	是否遵守课堂纪律，上课精神是否饱满	5 分			
	是否具有自主学习意识，做好课前准备	5 分			
	是否善于思考，积极参与，勇于提出问题	5 分			
	是否具有团队合作精神，出色完成小组任务	5 分			
合计	综合分数_____自评(25%)+互评(25%)+师评(50%)	100 分			
	综合等级_____	指导老师签字_____			
综合评价	最突出的表现（创新或进步）： 还需改进的地方（不足或缺点）：				

技术篇

JI SHU PIAN

项目 3

构建传统声学模型

项目目标

知识目标

- 了解隐马尔可夫模型的基本结构。
- 理解隐马尔可夫模型的基本问题。
- 掌握隐马尔可夫模型在语音识别中的应用方法。
- 了解高斯混合模型的基本原理。
- 理解高斯混合模型—隐马尔可夫模型的基本原理。
- 掌握隐马尔可夫模型的编程实现方法。

技能目标

- 能够使用 HMMlearn 库中的隐马尔可夫模块解决问题。
- 能够编写程序,使用高斯混合模型—隐马尔可夫模型进行孤立词的语音识别。

素养目标

- 学习传统声学模型的基础知识,加强对语音识别技术的了解,培养探索精神。
- 了解时代新科技,培养学生的思维能力和创造能力。

项目 3 构建传统声学模型

项目描述

回家用指纹开锁，在家用语音控制家电，出门用手机查看家中监控……这样的生活过去还只存在于人们的想象中，如今已成为现实，智能家居开启了人们的新生活。语音识别技术是实现智能家居的一项重要技术，研究这项技术，可以从孤立词的语音识别开始。小旌了解到，隐马尔可夫模型及其变体（高斯混合模型—隐马尔可夫模型等）能够实现孤立词的语音识别。于是，他开始尝试。

小旌采用的数据集是中文常用词汇语音数据集（见本书配套素材"item3/speeches"）。该数据集中存放了"学习""吃饭""读书""睡觉""语音""文本""跑步"这 7 个孤立词的录音文件，共 65 个。其中，训练集有 58 个文件（除"语音"之外，每个孤立词 9 个文件），测试集有 7 个文件（每个孤立词 1 个文件）。小旌打算使用该数据集训练一个孤立词语音识别模型，并使用这个模型进行预测。

项目分析

按照项目要求，使用高斯混合模型—隐马尔可夫模型对孤立词进行语音识别的具体步骤分解如下。

第 1 步：项目环境设置。导入本项目所需的模块和库，并设置环境变量。

第 2 步：数据准备。定义 search_speeches()函数，并使用该函数从指定的目录中读取 WAV 文件及其对应的标签。

第 3 步：特征提取。使用 python_speech_features.mfcc()函数提取训练数据的 MFCC 特征，并进行可视化。

第 4 步：模型训练。使用 HMMlearn 库中的 GMMHMM 类训练每个类别的隐马尔可夫模型，并保存训练好的模型和对应的标签。

第 5 步：模型评估。对测试集数据进行处理，然后使用训练好的模型对测试集数据进行预测，并输出真实标签和预测标签。

使用高斯混合模型—隐马尔可夫模型进行孤立词的语音识别，需要先理解隐马尔可夫模型和高斯混合模型—隐马尔可夫模型的基本原理。本项目将对相关知识进行介绍，包含隐马尔可夫模型的结构，隐马尔可夫模型的基本问题，隐马尔可夫模型在语音识别中的应用，高斯混合模型的基本原理，高斯混合模型与隐马尔可夫模型的结合，以及 HMMlearn 库中隐马尔可夫模型的实现方法。

项目准备

全班学生以 3~5 人为一组进行分组,各组选出组长,组长组织组员扫码观看"隐马尔可夫模型的起源与发展"视频,讨论并回答下列问题。

问题 1:马尔可夫链是什么?

问题 2:隐马尔可夫模型主要用于哪些领域?

隐马尔可夫模型的
起源与发展

问题 3:隐马尔可夫模型的扩展模型有哪些?

3.1 传统声学模型

在语音识别系统中,声学模型起着至关重要的作用,它能够将语音信号映射成对应的音素序列,而音素序列再通过语言模型、发音词典等映射成文本,最终进行语音识别。训练声学模型的传统算法主要有隐马尔可夫模型和高斯混合模型—隐马尔可夫模型。

3.1.1 隐马尔可夫模型

1. 隐马尔可夫模型的结构

隐马尔可夫模型(hidden markov model,HMM)主要用于序列数据(序列数据是一种有顺序的向量数据,数据前后具有关联性,如"今天阴天,可能要下雨,出门最好带伞"就是序列数据)的建模,在语音识别、自然语言处理等领域都有广泛应用。

隐马尔可夫模型中的变量可分为两组,第一组是状态变量 $\{y_1, y_2, \cdots, y_n\}$,其中 y_t 表示第 t 时刻的系统状态,通常假定状态变量是隐藏的、不可观测的,故状态变量又称隐藏变量;第二组是观测变量 $\{x_1, x_2, \cdots, x_n\}$,其中 x_t 表示第 t 时刻的观测值,如图 3-1 所示。

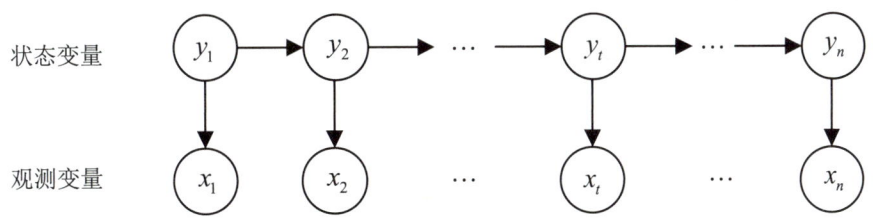

图 3-1　隐马尔可夫模型的结构

图 3-1 的箭头表示了变量之间的依赖关系。在任一时刻,观测变量 x_t 的取值仅依赖于状态变量 y_t,与其他状态变量及观测变量的取值无关,这意味着观测变量之间是相互独立的。同时,t 时刻的状态 y_t 仅依赖于 $t-1$ 时刻的状态 y_{t-1},与此前其他时刻的状态无关。这就是隐马尔可夫模型的两个关键假设——观测独立性假设和马尔可夫性假设。

欲确定一个隐马尔可夫模型,通常需要求得 3 组参数,可用 $\lambda=[A,B,\pi]$ 来表示。其中,A 表示状态转移概率矩阵,即模型在各个状态之间转换的概率;B 表示输出观测概率矩阵,即模型根据当前状态获得各个观测值的概率,又称隐马尔可夫模型的发射概率;π 表示初始状态概率向量,即模型在初始时刻各状态出现的概率。

下面用一个简单的例子来描述隐马尔可夫模型及其相关概念。假设有 3 个不同的骰子,第 1 个骰子 D4 有 4 个面,每个面出现的概率是 1/4,第 2 个骰子 D6 有 6 个面,每个面出现的概率是 1/6,第 3 个骰子 D8 有 8 个面,每个面出现的概率是 1/8,如图 3-2 所示。

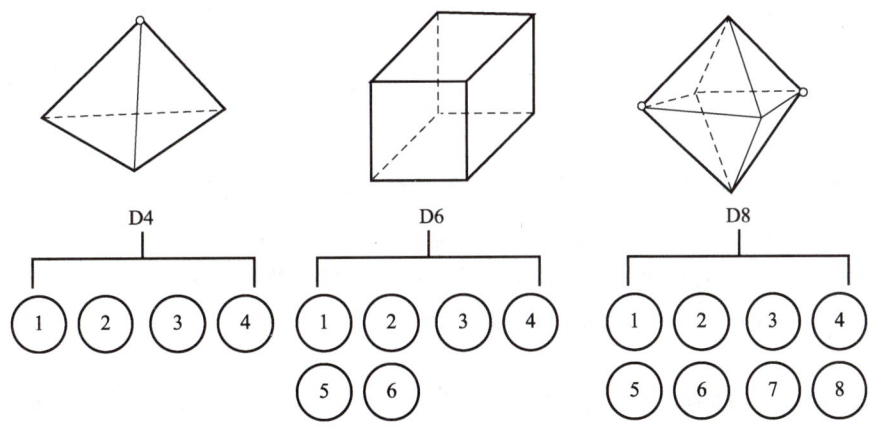

图 3-2　3 个不同的骰子

现在开始掷骰子。掷 6 次骰子,每次可得到一个数字,最终可能会得到这样一串数字:8、6、3、5、2、7,这串数字是可观测到的结果,可理解为隐马尔可夫模型中的观测变量;而掷骰子过程中用到的骰子的序列(如 D8、D6、D8、D6、D4、D8)即为状态变量,如图 3-3 所示。

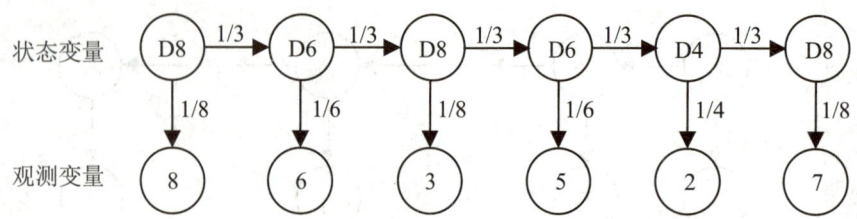

图 3-3 掷骰子过程

在掷骰子过程中,每次掷骰子时,选择 D4、D6 和 D8 的概率都是 1/3,即从一个状态到下一个状态之间转换的概率为 1/3,这个概率即为状态转移概率;如果第一次掷骰子时选中骰子 D8,则产生结果 1、2、3、4、5、6、7、8 的概率都为 1/8,这个概率即为输出观测概率。

综上所述,隐马尔可夫模型是一个描述含有隐含状态的随机过程的模型。它有两组变量,分别是状态变量和观测变量。任一时刻,观测变量的取值仅依赖于状态变量,同时,某时刻的状态变量仅与上一时刻的状态有关。隐马尔可夫模型的参数有 3 组,分别是状态转移概率矩阵、输出观测概率矩阵(发射概率矩阵)和初始状态概率向量。

2. 隐马尔可夫模型的基本问题

使用隐马尔可夫模型解决实际问题时,人们通常会关注 3 个基本问题:模型评估问题、最佳路径问题和模型训练问题。

(1)模型评估问题。在给定模型 $\lambda=[A,B,\pi]$ 的情况下,如何计算其产生观测序列 $\{x_1, x_2, \cdots, x_n\}$ 的概率,即求模型 λ 对观测序列 X 的概率 $P(X|\lambda)$。这个问题即为模型评估问题,其求解方法通常为穷举法或前向—后向算法。

指点迷津

> 前向—后向算法的基本原理是计算模型的前向概率和后向概率,然后再进行累加或其他运算。前向概率用于描述给定模型参数和观测序列的条件下,在每个时刻 t 观测到部分序列的概率。后向概率用于描述给定模型参数和观测序列的条件下,在每个时刻 t 以及给定当前状态的情况下,未来部分序列的概率。

(2)最佳路径问题。给定模型 $\lambda=[A,B,\pi]$ 和观测序列 $\{x_1, x_2, \cdots, x_n\}$,如何找到与该观测序列最匹配的状态序列 $\{y_1, y_2, \cdots, y_n\}$,如语音识别任务中,观测序列为语音信号,状态序列为文字或音素,目标就是根据观测信号来推断最有可能的状态序列(即对应的文字)。这个问题即为最佳路径问题,通常使用基于动态规划的 Viterbi 算法来求解。

Viterbi 算法的核心思想是利用动态规划,通过递推的方式来计算概率模型中的最优路径。每个子部分只存储最优子路径,而不是暴力枚举所有路径来获得最优路径。Viterbi 算法的优点在于充分利用了问题的局部最优子结构性质,通过逐步计算每个时刻的最优路径，最终得到整体的最优路径，避免了对所有可能路径的组合计算，使得算法具有较高的效率。

（3）模型训练问题。给定观测序列 $\{x_1, x_2, \cdots, x_n\}$，如何调节参数 $\lambda=[A, B, \pi]$，使得该序列出现的概率 $P(X|\lambda)$ 最大，即如何根据训练样本训练得到最优的模型参数。这个问题即为模型训练问题，通常需要用到 Baum-Welch 算法来求解。

Baum-Welch 算法的关键在于通过最大期望（expectation maximization, EM）算法进行迭代更新，同时利用前向—后向算法来计算观测序列的概率。这使得算法能够在未标记的数据上进行自监督学习，估计出 HMM 的参数，从而更好地适应观测数据的分布。

> **高手点拨**
>
> EM 算法是一种迭代优化策略，由于它的计算方法中每一次迭代都分两步，一步为求期望（E 步），另一步为最大化（M 步），所以又被称为期望最大化算法。

3. 隐马尔可夫模型在语音识别中的应用

在语音识别任务中，隐马尔可夫模型通常用于声学模型的建模，即将语音序列映射为音素序列。这时，输入的语音特征序列即为隐马尔可夫模型的观测序列，音素的若干状态即为隐马尔可夫模型的状态序列，通过求解概率矩阵 $[A, B, \pi]$，即可得到关于音素的声学模型。

需要注意的是，隐马尔可夫模型的状态序列可以是不同的内容。对于简单的语音识别任务，如少量孤立词的语音识别，可将其状态序列设定为各个孤立词，这样训练完成的模型可直接进行语音识别。但在通用的大规模连续词的语音识别任务中，通常会将状态序列设定为音素序列，将语音序列先转换为音素序列，再通过语言模型和发音词典进行规整，最终识别为文字。

3.1.2 高斯混合模型—隐马尔可夫模型

隐马尔可夫模型用于语音识别任务时，需要求解 3 组参数：状态转移概率矩阵 A、发射概率矩阵 B 和初始状态概率向量 π。然而，在实际的语音识别任务中，直接求解发射概率比较困难，此时可使用高斯混合模型对发射概率进行建模，这样只需要求出高斯混合模型的均值和方差即可获取相应的发射概率。高斯混合模型与隐马尔可夫模型的结合，使得语音识别的准确率和稳定性有了较大的提升。

1. 高斯混合模型

高斯混合模型（gaussian mixture model, GMM）用于计算数据的概率分布，它是由多个高斯模型叠加在一起形成的一个混合模型。高斯模型又叫正态分布，是一种在自然界大量存在的、常见的分布形式。它的概率密度函数如下：

$$f(x,\mu,\sigma^2)=\frac{1}{\sqrt{2\pi}\sigma}\exp\left[-\frac{(x-\mu)^2}{2\sigma^2}\right]$$

其中，μ 表示均值，σ 表示标准差，符号 exp 在数学中表示以自然常数 e 为底的指数函数。高斯模型的函数图像中间高两边低，且关于均值对称，如图 3-4 所示。

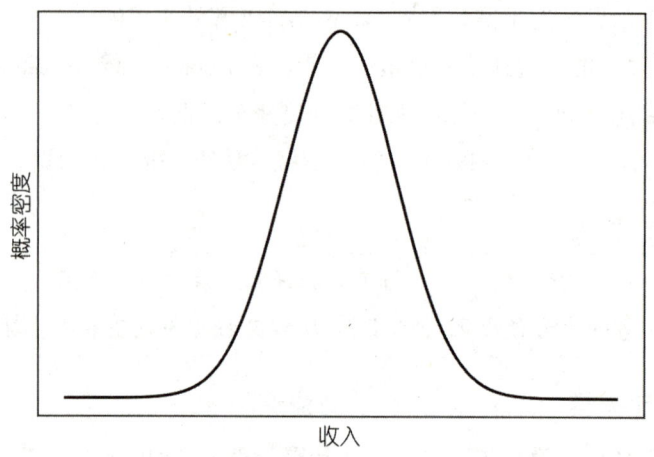

图 3-4　高斯模型的概率密度函数

图 3-4 描述的是人们的收入水平，从图中可以看到，大多数观测值聚集在具有最高发生率的中心峰（均值）附近，并且在两个方向上偏离中心峰时，尾部出现值的概率越来越低。这也很好理解，收入水平非常低或非常高的人很少见，大多数人处于平均收入周围两个标准差范围内。但如果收集到的数据不仅包含收入水平一个维度，而是包含多个维度，那么用一个高斯模型描述这些数据，显然不能很好地拟合，可以把这些数据看成多个高斯模型，每个高斯模型描述一个维度的数据，然后再把这些模型叠加在一起，形成一个高斯混合模型，来拟合数据。例如，用两个高斯模型叠加形成的高斯混合模型如图 3-5 所示。实际上，只要高斯模型的数量足够多，就能够拟合任意形状（如月牙形、环形）分布的数据。

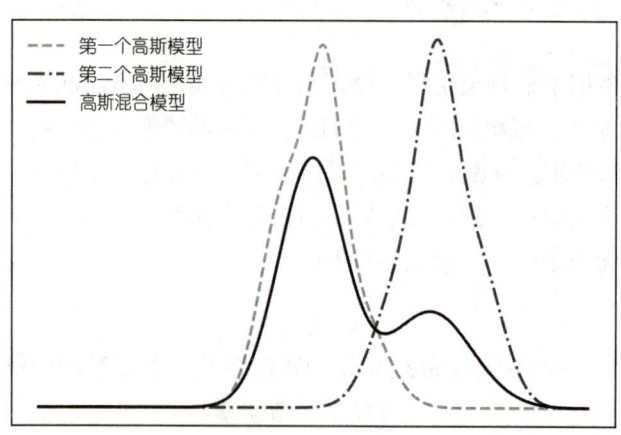

图 3-5　用高斯混合模型拟合数据分布

高斯混合模型由多个高斯模型按照一定的权重叠加而成,故高斯混合模型可用公式 $g(x)=\sum_{k=1}^{k}w_k f(x,\mu_k,\sigma_k^2)$ 来表示。其中,k 表示高斯模型的数量;w_k 相当于每个高斯模型的权重,其取值满足条件 $w_k \geq 0$ 且 $\sum_k w_k = 1$;$f(x,\mu_k,\sigma_k^2)$ 表示每个高斯模型的密度函数。从公式中可以看出,高斯混合模型的参数为 w_k 以及每个高斯模型的均值与方差。在实际应用中,可通过 EM 算法来求解这些参数。

2. 高斯混合模型与隐马尔可夫模型的结合

高斯混合模型被引入语音识别系统中,用于对语音信号中的声学特征进行建模。高斯混合模型可以灵活地表示不同声学单元的概率分布,适用于连续的声学特征。将隐马尔可夫模型中的发射概率分布用高斯混合模型进行建模,从而形成高斯混合模型—隐马尔可夫模型。下面介绍高斯混合模型—隐马尔可夫模型对语音序列进行建模的过程。

一般情况下,音素(声母或韵母)的发音过程可分为起始、中间和结尾 3 个阶段,起始阶段是从无声到有声的过程,中间阶段是主要的发声阶段,结尾阶段是收声阶段,如图 3-6 所示。

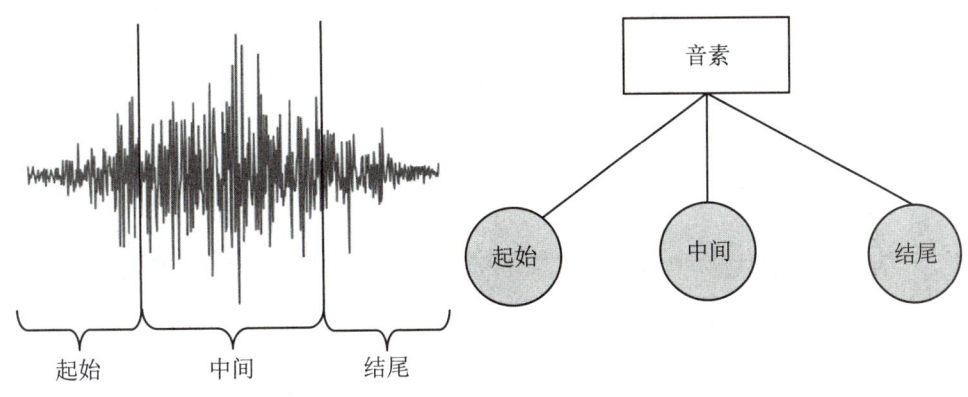

图 3-6　音素发音的 3 个阶段

用隐马尔可夫模型描述音素的发音过程时,通常分别用 3 个有效状态来表示音素的 3 个阶段,这 3 个有效状态可产生观测值,因此也被称为发射状态(每个状态只能向自身或向右转移)。在 3 个发射状态的前后分别再加上两个非发射状态 I 和 E,表示该音素的起始与结束,这 5 个状态就构成了一个音素的隐马尔可夫状态序列,而此隐马尔可夫模型的观测序列就是这个音素对应的语音特征序列,如图 3-7 所示。这样,一个音素的声学模型就构建完成了。

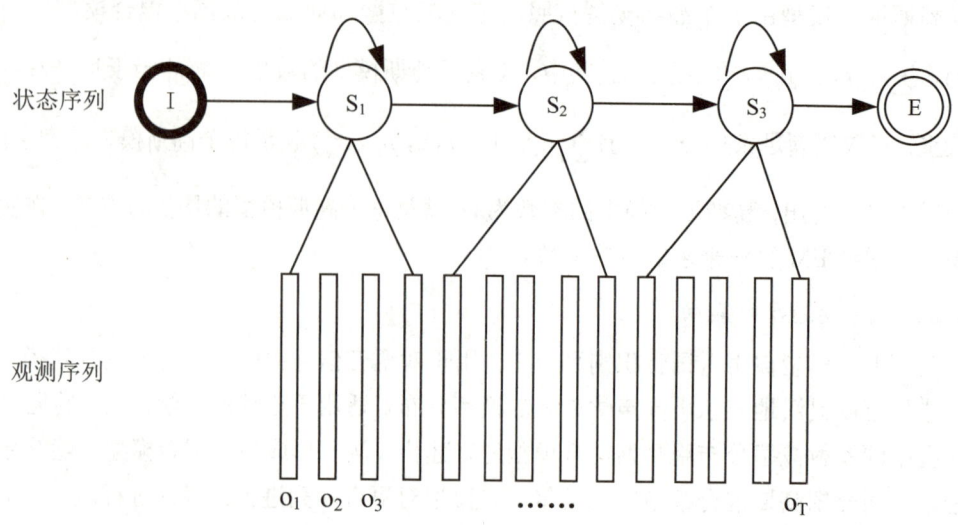

图 3-7 一个音素的隐马尔可夫模型

在连续的语音识别系统中,字、词、句的声学模型一般由多个音素的隐马尔可夫模型组成,前一个音素隐马尔可夫模型的 E 状态和后一个音素隐马尔可夫模型的 I 状态相连接,即可构成串联的隐马尔可夫模型(见图 3-8),这个串联的隐马尔可夫模型即可表示字、词或句子。需要注意的是,两个相邻音素的 HMM 状态相连接时,所产生的转移弧是空转移,不产生观测值也不占用空间。

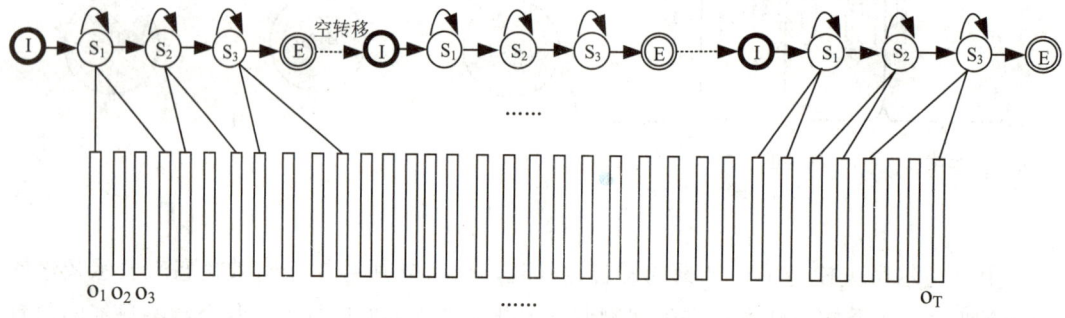

图 3-8 串联的隐马尔可夫模型

隐马尔可夫模型对音素序列建模完成之后,接下来就进入到了模型的训练阶段,即求解 3 组参数 $[A,B,\pi]$ 的最优值。其中,参数 A 可使用隐马尔可夫模型进行描述,而参数 B 直接使用隐马尔可夫模型难以得到,需要借助其他模型进行建模。在高斯混合模型—隐马尔可夫模型中,参数 B 通过高斯混合模型进行建模。在建模过程中,隐马尔可夫模型的每个发射状态对应一个高斯混合模型,每个高斯混合模型对应多帧语音特征序列,用于对语音特征序列进行建模,如图 3-9 所示。

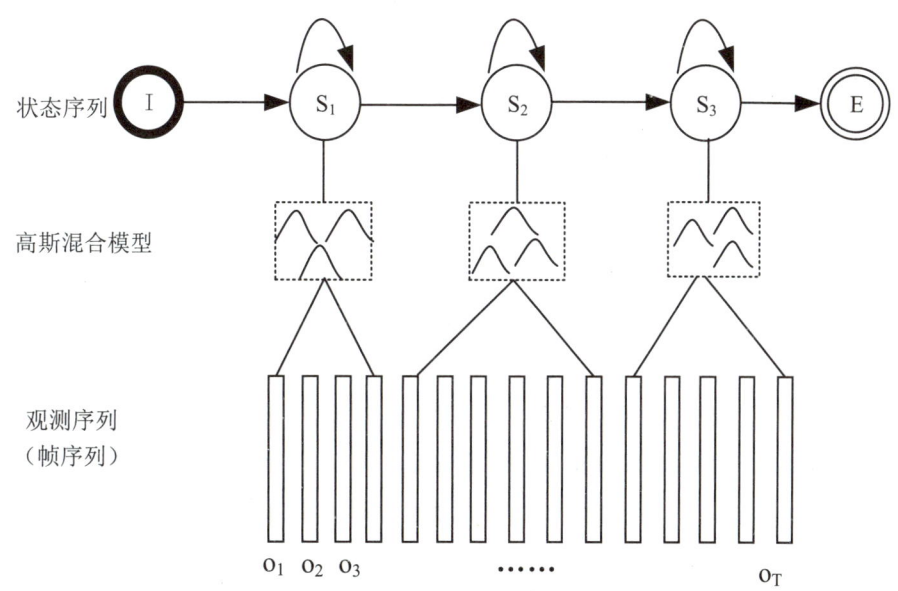

图 3-9　一个音素的 GMM-HMM 结构

由于不同人的发音存在较大差异，具体表现为每个状态对应的语音特征的帧序列也会不同。那么，哪几帧应该对应状态 S_1，哪几帧应该对应状态 S_2 呢？这就需要进行帧与状态的对齐。在实际应用中，通常使用 Viterbi 算法进行帧与状态的对齐，得到被分配到每个状态的特征向量，然后再训练参数，得到模型。

高手点拨

高斯混合模型—隐马尔可夫模型在开始训练时，往往会使用一种很粗糙的方法（如等长分段）进行初始分段，形成初始模型，然后通过 Viterbi 算法将所有训练数据的帧序列对齐到状态序列，重新迭代更新，直到得到最佳模型。

素养之窗

思必驰是一家智能语音交互公司，专注于语音识别、语音合成、自然语言处理等技术的研究。思必驰转写一体机 T1 是一款针对会议记录、对话访谈、审讯问询等数据安全性要求较高的文字记录场景推出的便携一体式智能语音专业设备，应用语音识别、方言识别、声纹识别等 AI 技术，提供离线识别、字幕投屏、"即插即用"的语音转文稿服务，能够满足媒体、医疗、教育、金融、交通等行业的语音转写需求，提高工作效率。

3.2 传统声学模型的编程实现

3.2.1 HMMlearn 库中的隐马尔可夫模块

HMMlearn 库的 hmm 模块中提供了 3 种隐马尔可夫模型，分别是多项式分布隐马尔可夫模型、高斯隐马尔可夫模型和高斯混合模型—隐马尔可夫模型。其中，多项式分布隐马尔可夫模型适合应用于观测变量为离散状态的数据，如天气的状况为晴天、多云、雨天等；高斯隐马尔可夫模型和高斯混合模型—隐马尔可夫模型适合应用于观测变量为连续状态的数据，如温度、湿度等连续变量。3 种隐马尔可夫模型对应的实现方法介绍如下。

（1）多项式分布隐马尔可夫模型。MultinomialHMM 类能够实现多项式分布隐马尔可夫模型，其语法格式如下。

```
MultinomialHMM(n_components=1,n_trials=None,algorithm='viterbi',
n_iter=10,params='ste')
```

其中，n_components 用于指定模型状态序列的数目，该参数必须给出；n_trials 表示每个观测序列的独立实验次数；algorithm 用于指定解码算法；n_iter 表示 EM 算法的最大迭代次数，用于拟合模型；params 用于控制训练过程中更新的参数，其值可以是一个包含"s""t"和"e"任意组合的字符串，其中"s"表示初始概率，"t"表示转移概率，"e"表示发射概率。

（2）高斯隐马尔可夫模型。高斯隐马尔可夫模型假设观测序列符合高斯分布，GaussianHMM 类能够实现高斯隐马尔可夫模型，其语法格式如下。

```
GaussianHMM(n_components=1,covariance_type='diag',min_covar=
0.001)
```

其中，n_components 用于指定模型状态序列的数目，该参数必须给出；covariance_type 表示要使用的协方差参数的类型，取值为 "spherical" 时，表示每个状态的所有协方差矩阵仅使用一个参数表示，取值为 "diag" 时，表示每个状态的协方差矩阵均为对角矩阵，取值为 "full" 时，表示每个状态的协方差矩阵为完整的矩阵，即协方差矩阵中的所有元素都是非零数值，取值为 "tied" 时，表示每个状态共享一个通用的协方差矩阵，即所有状态的协方差矩阵都相等；min_covar 表示最小协方差矩阵，防止过拟合。

> **知识库**
>
> 在概率论和统计学中，协方差用于衡量两个变量的总体误差。当两个变量相同时，协方差与方差相同，故方差是协方差的一种特殊情况。如果两个变量的变化趋势一致，那么两个变量之间的协方差就是正值；如果两个变量的变化趋势相反，则两个变量之间的协方差为负值。

（3）高斯混合模型—隐马尔可夫模型。高斯混合模型—隐马尔可夫模型假设观测序列符合混合高斯分布，GMMHMM 类能够实现高斯混合模型—隐马尔可夫模型，其语法格式如下。

GMMHMM(n_components=1,n_mix=1,covariance_type='diag',random_state=None,n_iter=10)

其中，n_components 用于指定模型状态序列的数目，该参数必须给出；n_mix 是一个整数，用于指定高斯混合分布中的分模型数量；covariance_type 参数的含义与 GaussianHMM 类中的同名参数含义一致；random_state 用于指定随机数生成器实例，该参数用于确保可重现性（在涉及随机性的算法中，设置种子有助于获得可重复的结果）；n_iter 表示 EM 算法的迭代次数，用于拟合模型。

> **指点迷津**
>
> HMMlearn 库在使用之前需要安装，安装方法如下：① 在"运行"窗口中输入命令 "cmd"，然后单击"确定"按钮；② 在弹出的窗口中输入命令"pip install hmmlearn"，按"Enter"键即可自动安装 HMMlearn 库。

3.2.2 隐马尔可夫模块的应用举例

【例 3-1】601SH 股票数据集（见本书配套素材"item3/601SH.csv"）中记录了某支股票的相关数据，如表 3-1 所示。从表中可以观察到该股票的涨幅值（当天收盘价减去前一天收盘价）和成交量，在涨幅值和成交量背后隐藏着该股票的 3 种状态——平、跌、涨。试使用高斯混合模型—隐马尔可夫模型对该数据集进行建模并输出模型的均值矩阵、协方差矩阵和状态转移矩阵。

表 3-1 某支股票的记录数据

索引	日期	开盘价	最高价	最低价	收盘价	市盈率	换手率	成交量
2589	20100104	2.5	2.5	2.473 5	2.473 5	2.5	−0.026 5	890 046.003
2588	20100105	2.473 5	2.478 8	2.420 6	2.452 3	2.473 5	−0.021 2	892 769.13
2587	20100106	2.447	2.452 3	2.420 6	2.431 1	2.452 3	−0.021 2	785 179.312
2586	20100107	2.425 8	2.436 4	2.383 5	2.399 4	2.431 1	−0.031 7	1 018 802.715
2585	20100108	2.388 8	2.415 3	2.383 5	2.41	2.399 4	0.010 6	572 283.764
...	...	...	...	...	...	...	...	...

【程序分析】 使用高斯混合模型—隐马尔可夫模型对 601SH 数据集进行建模，需要

先找到模型的观测变量和状态变量,观测变量为股票的涨幅值和成交量,而状态变量为平、跌、涨 3 个状态。在该数据集上建立高斯混合模型—隐马尔可夫模型的步骤如下。

(1) 导入数据集并进行初步处理。

【参考代码】

```
import warnings                                    #导入 warnings 模块
import numpy as np                                 #导入 NumPy 库
import pandas as pd                                #导入 Pandas 库
from hmmlearn.hmm import GMMHMM                    #导入 GMMHMM 类
warnings.filterwarnings("ignore")                  #设置忽略警告
#导入数据
df=pd.read_csv("601SH.csv",encoding='gbk')         #从指定文件中读取数据
print("原始数据的大小: ",df.shape)                   #输出原始数据的行数和列数
#处理原始数据
df['日期']=pd.to_datetime(df['日期'],format='%Y%m%d')
                                                   #将"日期"列中的数据转换为 datetime 类型的数据
df.drop(['索引','开盘价','最高价','最低价','市盈率','换手率'],
axis=1,inplace=True)                               #删除不需要的列
dates=df['日期'][1:]                                #获取"日期"列
close_v=df['收盘价']                                #获取"收盘价"列
volume=df['成交量'][1:]                             #获取"成交量"列
diff=np.diff(close_v)
                         #计算收盘价的差分值,即计算相邻两个收盘价之间的差值
df.head()                                          #输出数据集的前 5 行
```

【运行结果】 程序运行结果如图 3-10 和图 3-11 所示。可见,该数据集共有 2 590 条数据,每条数据包含 9 列。本例中只提取出了日期、收盘价和成交量 3 列数据。

原始数据的大小: (2590, 9)

图 3-10 数据集的基本情况

	日期	收盘价	成交量
0	2010-01-04	2.4735	890046.003
1	2010-01-05	2.4523	892769.130
2	2010-01-06	2.4311	785179.312
3	2010-01-07	2.3994	1018802.715
4	2010-01-08	2.4100	572283.764

图 3-11 去除部分列之后的数据集(前 5 行)

（2）继续处理数据集并用均值填充超出范围的异常值（收盘价）。

【参考代码】

```
X=np.column_stack([diff,volume])          #获取输入数据
X=pd.DataFrame(X)                          #将原始数据结构转换为DataFrame对象
print(数据处理完成后数据的大小：",X.shape)#输出数据处理后数据集的大小
max=X.mean(axis=0)[0]+8*X.std(axis=0)[0]   #定义数据上限
min=X.mean(axis=0)[0]-8*X.std(axis=0)[0]   #定义数据下限
#将超出范围的异常值用均值填充
for i in range(len(X)):                    #DataFrame的遍历
    if (X.loc[i,0]<min)|(X.loc[i,0]>max):
        X.loc[i,0]=X.mean(axis=0)[0]
X.head()                                   #输出异常值处理后数据集的前5行
```

【运行结果】 程序运行结果如图 3-12 所示和图 3-13 所示。

数据处理完成后数据的大小：（2589, 2）

图 3-12　数据处理完成后数据集的大小

	0	1
0	-0.0212	892769.130
1	-0.0212	785179.312
2	-0.0317	1018802.715
3	0.0106	572283.764
4	0.0053	954946.966

图 3-13　异常值处理后的数据集（前 5 行）

【程序说明】 np.column_stack()函数可将多个一维数组堆叠在一起，形成一个二维数组。

（3）构建并训练高斯混合模型—隐马尔可夫模型，然后输出该模型的均值矩阵、协方差矩阵和状态转移矩阵。

【参考代码】

```
model=GMMHMM(n_components=3,n_mix=2,covariance_type='diag',n_iter=1000,random_state=0)
model.fit(X)                               #训练模型
#输出模型训练之后的相关参数
print("均值矩阵")
```

```
print(model.means_)
print("协方差矩阵")
print(model.covars_)
print("状态转移矩阵")
print(model.transmat_)
```

【运行结果】 程序运行结果如图 3-14 所示。

```
均值矩阵
[[[-3.89837831e-03  1.89383807e+05]
  [ 2.94300042e-03  3.60404199e+05]]

 [[ 5.24634446e-04  2.21059361e+06]
  [ 3.26875134e-02  7.30889276e+06]]

 [[ 2.37584844e-04  8.90812103e+05]
  [-5.50776353e-03  4.95178675e+05]]]
协方差矩阵
[[[2.04448733e-04  4.50967035e+09]
  [1.42994072e-03  1.09670057e+10]]

 [[7.23680772e-03  9.35461951e+11]
  [6.21890957e-02  1.88287192e+13]]

 [[7.05820424e-03  7.60651344e+10]
  [1.14007834e-03  1.66919608e+10]]]
状态转移矩阵
[[9.64811585e-001  1.12265644e-082  3.51884154e-002]
 [2.28916049e-209  9.57832222e-001  4.21677783e-002]
 [3.03610245e-002  2.69744046e-002  9.42664571e-001]]
```

图 3-14 模型相关参数

项目实施——基于 GMM-HMM 的孤立词语音识别

使用 GMM-HMM 训练声学模型时,一般会将语音序列映射为音素序列,但对于少量已知标签的孤立词语音识别来说,使用 GMM-HMM 训练的模型可以直接映射为文字,故本项目只使用 GMM-HMM 模型,即可训练出少量孤立词的语音识别模型。

基于 GMM-HMM 的
孤立词语音识别

1. 项目环境设置

步骤 1 导入 warnings、os 和 logging 模块,以及 NumPy、SciPy、python_speech_features 和 HMMlearn 库。其中,warnings 模块用于设置忽略警告。logging 模块用于控制日志的输出情况。python_speech_features 库用于提取语音文件的 MFCC 特征。

项目 3 构建传统声学模型

高手点拨

python_speech_features 是一个专门用于音频特征提取的 Python 库,该库虽然没有 Librosa 库的功能强大,但其代码更加简洁、易用。故本项目使用 python_speech_features 库来提取语音特征。

python_speech_features 库在使用之前需要安装,安装方法如下:① 在"运行"窗口中输入命令"cmd",然后单击"确定"按钮;② 在弹出的窗口中输入命令"pip install python_speech_features",按"Enter"键即可自动安装 python_speech_features 库。

步骤 2　使用 os 模块设置环境变量。
步骤 3　设置忽略所有类别的警告信息。
步骤 4　使用 NumPy 库中的 seterr() 函数设置浮点运算的错误处理方式。
步骤 5　配置名为"hmmlearn"的日志记录器,使其只记录严重错误和更高级别的消息,而忽略较低级别的消息。

指点迷津

开始编写程序前,须将本书配套素材"item3/speeches"文件夹复制到当前工作目录中,也可将其放于其他盘,如果放于其他盘,读取数据文件时要指定相应路径。

【参考代码】

```
import warnings                          #导入warnings模块
import os                                #导入os模块
import logging                           #导入logging模块
import numpy as np                       #导入NumPy库
import scipy.io.wavfile as wf            #导入SciPy库的wavfile模块
import python_speech_features as sf
                                         #导入python_speech_features库
import hmmlearn.hmm as hl                #导入HMMlearn库
os.environ["OMP_NUM_THREADS"]='1'        #设置环境变量
warnings.filterwarnings('ignore')        #设置忽略警告
np.seterr(all='ignore')                  #将所有类型的浮点错误设置为忽略
logging.getLogger("hmmlearn").setLevel("CRITICAL")
                    #抑制"hmmlearn"模块的日志输出,只保留最关键的信息
```

69

2. 数据准备

步骤1 定义search_speeches()函数，用于递归搜索指定目录中的WAV文件，并将这些文件的路径和对应标签（标签由目录结构中获取）组织成一个字典。

步骤2 使用search_speeches()函数从"speeches/train"目录中获取训练数据的路径并将其输出。

【参考代码】

```
#定义语音文件的路径和标签的映射字典函数
def search_speeches(directory,speeches):
    directory=os.path.normpath(directory)    #统一文件的路径格式
    #检查目录是否存在
    if not os.path.isdir(directory):
        raise IOError("路径"+directory+'不存在')
    #获取文件夹中的子目录
    for entry in os.listdir(directory):
        label=directory[directory.rfind(os.path.sep)+1:]
                              #获取路径的分类文件夹名称作为分类标签
        path=os.path.join(directory,entry)
                              #将目录路径与文件夹名称拼接成新的完整路径
        if os.path.isdir(path):     #如果新路径还是文件夹则递归查询
            search_speeches(path,speeches)
        elif os.path.isfile(path) and path.endswith('.wav'):
                              #如果是以'.wav'结尾的文件则进一步处理
            if label not in speeches:
                speeches[label]=[]
            speeches[label].append(path)
train_speeches={}             #定义一个空字典，用于存放语音文件的路径
search_speeches('speeches/train',train_speeches)
                              #调用自定义函数，获取语音文件的路径
train_speeches                #输出语音文件的路径
```

【运行结果】 程序运行结果（部分）如图3-15所示。

```
{'吃饭': ['speeches\\train\\吃饭\\吃饭1.wav',
         'speeches\\train\\吃饭\\吃饭2.wav',
         'speeches\\train\\吃饭\\吃饭3.wav',
         'speeches\\train\\吃饭\\吃饭4.wav',
         'speeches\\train\\吃饭\\吃饭5.wav',
         'speeches\\train\\吃饭\\吃饭6.wav',
         'speeches\\train\\吃饭\\吃饭7.wav',
         'speeches\\train\\吃饭\\吃饭8.wav',
         'speeches\\train\\吃饭\\吃饭9.wav'],
 '学习': ['speeches\\train\\学习\\学习1.wav',
         'speeches\\train\\学习\\学习2.wav',
         'speeches\\train\\学习\\学习3.wav',
         'speeches\\train\\学习\\学习4.wav',
         'speeches\\train\\学习\\学习5.wav',
         'speeches\\train\\学习\\学习6.wav',
         'speeches\\train\\学习\\学习7.wav',
         'speeches\\train\\学习\\学习8.wav',
         'speeches\\train\\学习\\学习9.wav'],
 '文本': ['speeches\\train\\文本\\文本1.wav',
```

图 3-15 训练数据的字典表示（部分）

3. 特征提取

步骤 1 从每个语音文件中提取 MFCC 特征，并将训练数据的特征存储在列表 train_x 中，对应的标签存储在列表 train_y 中。

步骤 2 使用 Matplotlib 库可视化训练数据的 MFCC 特征。

【参考代码】

```python
train_x,train_y=[],[]                          #定义两个空列表
#对语音文件进行遍历
for label,filenames in train_speeches.items():
    mfccs=np.array([])
    for filename in filenames:
        sample_rate,sigs=wf.read(filename)      #读取语音文件
        mfcc=sf.mfcc(sigs,sample_rate,nfft=1200)#提取MFCC特征
        if len(mfccs)==0:
            mfccs=mfcc
        else:
            mfccs=np.append(mfccs,mfcc,axis=0)
    train_x.append(mfccs)      #train_x存储所有训练数据的MFCC特征
    train_y.append(label)      #train_y存储对应标签
#绘制图像，显示MFCC特征
import matplotlib.pyplot as plt            #导入Matplotlib库
plt.rcParams['font.sans-serif']=['YouYuan']#正常显示中文
```

```
for mfcc,label in zip(train_x,train_y):
    fig,axs=plt.subplots(dpi=300)           #创建图形并设置清晰度
    axs.set_title(label,fontsize=7)         #设置图形标题
    axs.set_ylabel('频率',fontsize=7)       #设置 y 轴标题
    axs.set_xlabel('帧数',fontsize=7)       #设置 x 轴标题
    im=axs.imshow(mfcc.T,cmap='jet',origin="lower",aspect=8)
                                            #可视化 MFCC 特征
    plt.show(block=False)                   #显示图形
```

【运行结果】 程序运行结果如图 3-16 所示。

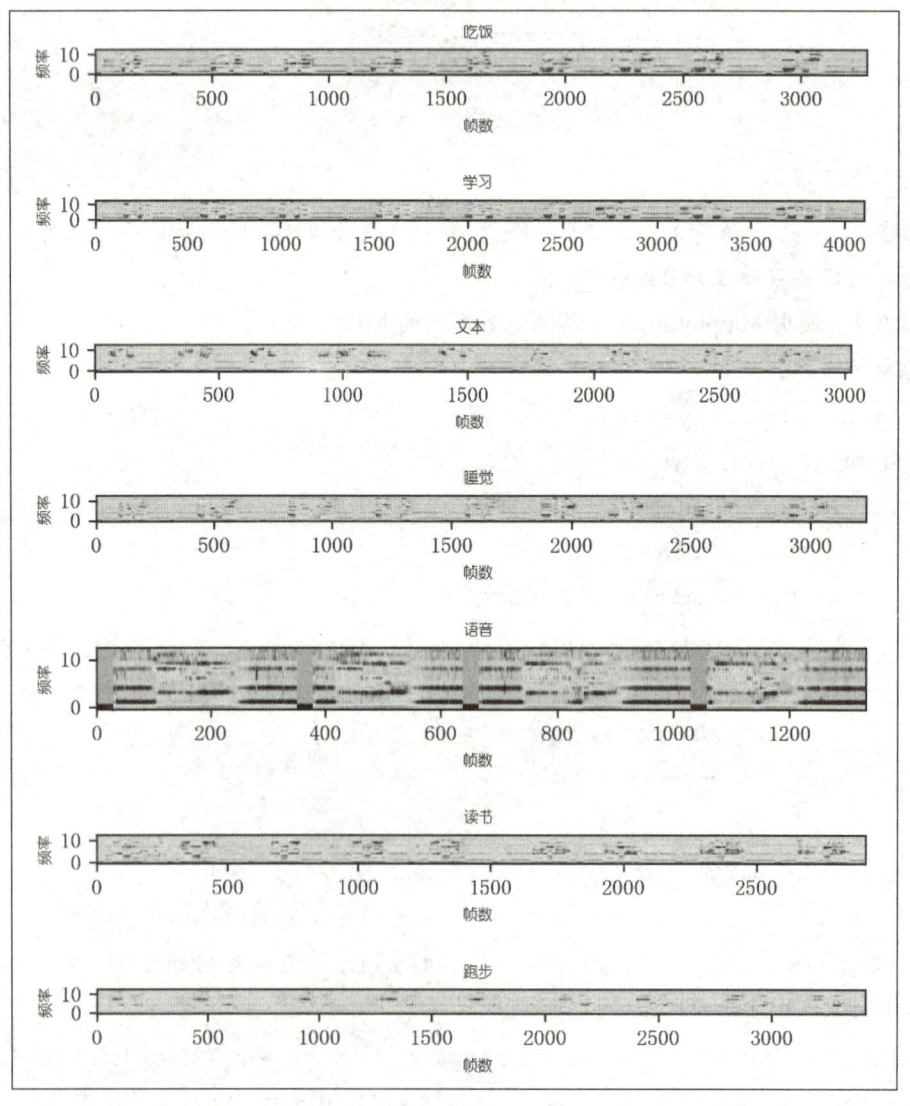

图 3-16　每个标签下的语音文件对应的 MFCC 特征

指点迷津

（1）zip()函数能够将可迭代的对象作为参数，将对象中对应的元素打包成一个个元组，然后返回由这些元组组成的列表。

（2）mfcc.T 表示对 mfcc 这个 NumPy 数组（或类似的可索引数据结构）进行转置操作，即将其行和列进行交换，以方便后续的数据处理或可视化。

4. 模型训练

步骤1 使用 HMMlearn 库中的 GMMHMM 类训练每个类别的隐马尔可夫模型。

步骤2 将训练好的模型存储在字典 models 中，带有相应的标签。

【参考代码】

```
models={}                          #初始化一个空字典，用于存储模型
#针对每个标签，训练一个GMMHMM模型，并将模型保存在字典models中
for mfccs, label in zip(train_x,train_y):
    model=hl.GMMHMM(n_components=4,n_mix=1,covariance_type='diag',random_state=None,n_iter=1000)     #构建模型
    models[label]=model.fit(mfccs)#训练模型并保存在以标签为键的字典中
```

5. 模型评估

步骤1 对测试集数据进行处理，将测试数据的特征存储在 test_x 中，对应的标签存储在 test_y 中。

步骤2 使用训练好的模型对测试数据进行预测。然后输出真实标签（test_y）和预测标签（pred_test_y）。

【参考代码】

```
test_speeches={}              #定义一个空字典，用于存储测试集的文件路径
search_speeches('speeches/test',test_speeches)
                    #调用自定义函数search_speeches()，获取测试集文件的路径
test_x,test_y=[],[]
                    #定义两个空列表，用于存储测试集的MFCC特征和对应的标签
#读取测试集语音文件并提取MFCC特征
for label,filenames in test_speeches.items():
    mfccs=np.array([])
    for filename in filenames:
        sample_rate,sigs=wf.read(filename)         #读取语音文件
        mfcc=sf.mfcc(sigs,sample_rate,nfft=1200)#提取MFCC特征
```

```
            #将MFCC特征追加到数组中
            if len(mfccs)==0:
                mfccs=mfcc
            else:
                mfccs=np.append(mfccs,mfcc,axis=0)
        test_x.append(mfccs)
        test_y.append(label)
#对测试集进行预测
pred_test_y=[]                                    #定义一个空列表，用于存放预测标签
'''对于测试集中的每组MFCC特征，使用每个类别的隐马尔可夫模型分别对其进行
预测，选择评分最高的模型的标签作为预测标签'''
for mfccs in test_x:
    best_score,best_label=None,None
    for label,model in models.items():
        score=model.score(mfccs)
        if (best_score is None) or (best_score<score):
            best_score,best_label=score,label
    #将预测标签添加到预测结果列表中
    pred_test_y.append(best_label)
print('True Value:\n',test_y)                     #输出真实标签
print('Predict Value:\n',pred_test_y)             #输出预测标签
```

【运行结果】 程序运行结果如图3-17所示。

```
True Value:
 ['吃饭', '学习', '文本', '睡觉', '语音', '读书', '跑步']
Predict Value:
 ['吃饭', '学习', '文本', '睡觉', '语音', '读书', '跑步']
```

图3-17 测试集真实标签和预测标签的结果对比

项目实训

1. 实训目的

（1）掌握语音数据的处理方法。
（2）掌握HMMlearn库中GMMHMM类的使用方法。
（3）掌握使用高斯混合模型—隐马尔可夫模型训练孤立词语音识别模型的方法。

2. 实训内容

现有一个水果孤立词语音数据集（见本书配套素材"item3/data"），该数据集中存放了"苹果""香蕉""橘子""青柠檬""猕猴桃""桃子""菠萝"这 7 个孤立词的英文录音文件，共 105 个。其中，训练集有 98 个文件（每个孤立词 14 个文件），存放于"data/training"文件夹中；测试集有 7 个文件（每个孤立词 1 个文件），存放于"data/testing"文件夹中。试使用高斯混合模型—隐马尔可夫模型对训练集数据进行建模，并使用该模型对测试集数据进行语音识别。

（1）启动 Jupyter Notebook，以 Python 3 工作方式新建 Jupyter Notebook 文档，并重命名为"WordRecitem3.ipynb"。

（2）项目环境设置。导入本项目所需的模块和库，并设置环境变量。

（3）数据准备。

① 定义语音文件的标签和路径的映射字典函数 search_speeches()。

② 使用 search_speeches()函数从"data/training"目录中获取训练数据的路径并将其输出。

（4）特征提取。提取训练集数据的 MFCC 特征，并进行可视化。

（5）模型训练。

① 使用 HMMlearn 库中的 GMMHMM 类训练每个类别的隐马尔可夫模型。

② 将训练好的模型存储在 models 字典中，带有相应的标签。

（6）模型评估。

① 对测试集数据进行处理并提取 MFCC 特征。

② 使用训练好的模型对测试集数据进行预测，并输出真实标签和预测标签。

3. 实训小结

按要求完成实训内容，并将实训过程中遇到的问题和解决办法记录在表 3-2 中。

表 3-2 实训过程

序　号	主要问题	解决办法

项目总结

完成本项目的学习与实践后，请总结应掌握的重点内容，并将图3-18的空白处填写完整。

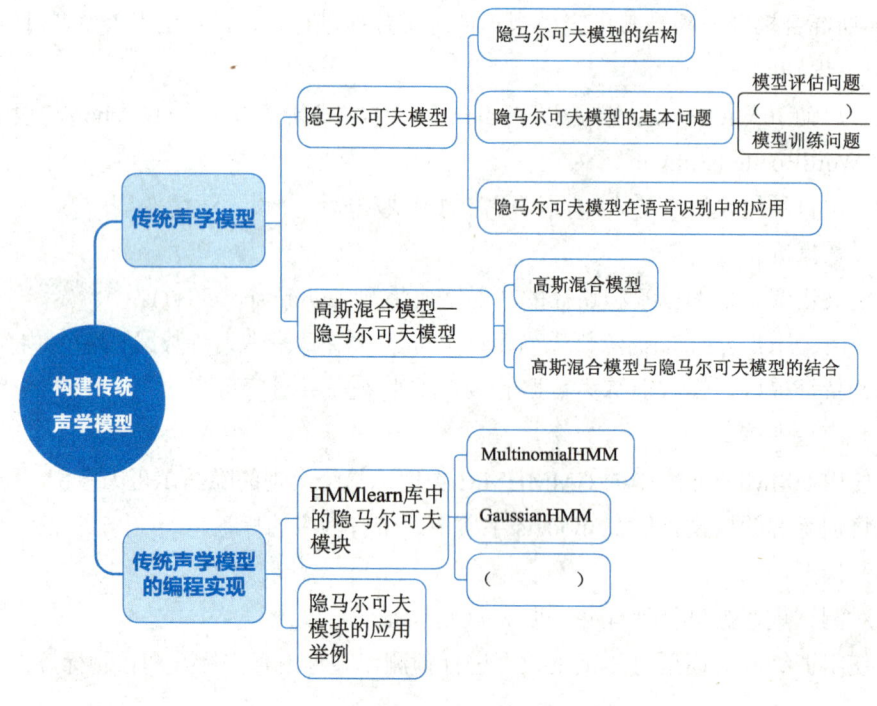

图3-18 项目总结

项目考核

1. 选择题

（1）隐马尔可夫模型的三个基本问题不包括（　　）。

　　A．模型评估问题　　　　　　　　B．状态更新问题

　　C．最佳路径问题　　　　　　　　D．模型训练问题

（2）在HMMlearn库中，MultinomialHMM类主要用于对（　　）数据进行建模。

　　A．观测变量连续型且符合高斯分布

　　B．观测变量连续型且符合高斯混合分布

　　C．观测变量离散型

　　D．观测变量符合正态分布

（3）隐马尔可夫模型中的转移概率是指（　　）。

  A．从一个状态转移到另一个状态的频率

  B．从一个状态转移到另一个状态的概率

  C．从一个观测值到另一个观测值的概率

  D．从一个状态到另一个状态的平均持续时间

（4）高斯混合模型是一种基于（　　）分布的模型。

  A．多元高斯　　　　　　　　　　B．一元高斯

  C．泊松　　　　　　　　　　　　D．指数

（5）与HMM模型相比，GMM-HMM模型的优点是（　　）。

  A．能够处理非高斯分布的数据

  B．能够处理非平稳数据

  C．能够提高模型的性能和鲁棒性

  D．以上都是

2．填空题

（1）隐马尔可夫模型是一种经典的序列建模技术，它的参数可用公式_____形式化地进行表示。

（2）_____模型可以通过多个单一高斯模型的线性组合近似得到。

（3）一个_____的发音过程可分为起始、中间和结尾3个阶段。

3．简答题

（1）隐马尔可夫模型基本问题中的模型评估问题指的是什么？

（2）请列举3种HMMlearn库中的隐马尔可夫模块并对每个模块进行说明。

语音识别技术及应用

项目评价

结合本项目的学习情况，完成项目评价并将评价结果填入表 3-3 中。

表 3-3 项目评价

评价项目	评价内容	评价分数			
		分值	自评	互评	师评
项目完成度评价（20%）	项目准备阶段，回答问题是否清晰准确，能够紧扣主题，没有明显错误	5分			
	项目实施阶段，是否能够根据操作步骤完成本项目	5分			
	项目实训阶段，是否能够出色完成实训内容	5分			
	项目总结阶段，是否能够正确地将项目总结的空白信息补充完整	2分			
	项目考核阶段，是否能够正确地完成考核题目	3分			
知识评价（30%）	是否了解隐马尔可夫模型的基本结构	5分			
	是否理解隐马尔可夫模型的基本问题	5分			
	是否掌握隐马尔可夫模型在语音识别中的应用方法	5分			
	是否了解高斯混合模型的基本原理	5分			
	是否理解高斯混合模型—隐马尔可夫模型的基本原理	10分			
技能评价（30%）	是否能够使用 HMMlearn 库中的隐马尔可夫模块解决问题	15分			
	是否能够独立编写程序，使用高斯混合模型—隐马尔可夫模型进行孤立词的语音识别	15分			
素养评价（20%）	是否遵守课堂纪律，上课精神是否饱满	5分			
	是否具有自主学习意识，做好课前准备	5分			
	是否善于思考，积极参与，勇于提出问题	5分			
	是否具有团队合作精神，出色完成小组任务	5分			
合计	综合分数_____自评(25%)+互评(25%)+师评(50%)	100分			
	综合等级_____	指导老师签字_____			
综合评价	最突出的表现（创新或进步）： 还需改进的地方（不足或缺点）：				

项目 4

使用深度神经网络构建声学模型

项目目标

知识目标

- 理解深度神经网络的基本原理。
- 了解深度神经网络的常见结构。
- 掌握构建深度神经网络相关函数的使用方法。
- 理解深度神经网络—隐马尔可夫模型的工作原理。
- 掌握深度神经网络—隐马尔可夫模型的训练流程。

技能目标

- 能够成功导入数字命令语音文件。
- 能够编写程序,利用深度神经网络—隐马尔可夫模型进行数字命令的语音识别。

素养目标

- 学习科技前沿新技术,增强创新意识,培养探究精神。
- 理解深度神经网络—隐马尔可夫模型的基本原理,培养吃苦耐劳的奋斗精神。

语音识别技术及应用

项目描述

语音识别技术起源于贝尔实验室研发的自动数字识别机，该机器能够识别数字0~9的发音，且准确率高达90%。小旌对此非常感兴趣，也想自己动手，复现对语音文件进行数字命令识别的实验。

小旌查阅资料发现，使用深度神经网络—隐马尔可夫模型可以实现数字命令的语音识别。于是，他开始尝试。小旌使用的数据集是数字0~10的中文发音数据集，该数据集包含数字0、1、2、3、4、5、6、7、8、9、10的中文发音文件，共55个（见本书配套素材"item4/ch"）。其中，训练集有44个文件（每个数字4个文件），测试集有11个文件（每个数字1个文件）。小旌打算使用该数据集训练一个语音识别模型并使用该模型进行数字命令的识别。

项目分析

按照项目要求，使用深度神经网络—隐马尔可夫模型训练数字命令语音识别模型的具体步骤分解如下。

第1步：数据准备。定义search_speeches()函数，用于递归搜索指定目录中的WAV文件，并将这些文件的路径和对应标签保存在相应的字典中。

第2步：特征提取。使用自定义函数分别提取训练数据和测试数据的特征以及对应的标签，并保存在相应的文件中。

第3步：模型训练。创建并训练每个数字对应的高斯模型、高斯隐马尔可夫模型和深度神经网络—隐马尔可夫模型。

第4步：模型评估。使用测试数据对模型进行测试，计算模型的准确率，并输出每个样本的预测结果和对数似然概率。

构建数字命令的语音识别模型之前，需要先学习深度神经网络—隐马尔可夫模型的基本原理。本项目将对相关知识进行介绍，包括深度神经网络的基本原理、深度神经网络相关函数的使用方法、深度神经网络—隐马尔可夫模型的工作原理、深度神经网络—隐马尔可夫模型的训练方法，以及深度神经网络—隐马尔可夫模型的编程实现方法。

项目 4 使用深度神经网络构建声学模型

项目准备

全班学生以 3~5 人为一组进行分组，各组选出组长，组长组织组员扫码观看"人工神经网络"视频，讨论并回答下列问题。

问题 1：什么是人工神经网络？

人工神经网络

问题 2：人工神经网络如何模拟人脑对信息进行处理？

4.1 深度神经网络

传统的语音建模工具（如 GMM-HMM）无法准确地描述语音内部复杂的结构，且建模和表征能力不强，因此在应用过程中仍然存在着鲁棒性差（鲁棒性指的是一个模型对于数据中的噪声、异常值或其他干扰因素的抵抗能力）、识别率低等突出问题。随着深度学习技术的崛起，特别是深度神经网络（deep neural_network, DNN）成功应用于计算机视觉和自然语言处理等领域之后，人们开始尝试将深度神经网络引入语音识别领域以改进性能。深度神经网络在语音识别中的应用主要集中在对语音信号的特征进行声学建模方面。深度神经网络可以更好地捕捉语音信号中的抽象特征，提高模型对语音的建模能力。

4.1.1 深度神经网络的基本原理

1. 生物神经元

生物神经元是生物神经网络结构和功能的基本单位，由细胞体和细胞突起组成，如图 4-1 所示。

细胞体是神经元的核心，由细胞核和细胞质等组成。细胞突起由树突和轴突组成，树突是神经元的输入，可以接收刺激并将兴奋传递给细胞体；轴突是神经元的输出，可以将自身的兴奋状态从细胞体传送到另一个神经元或其他组织。神经元之间通过树突和轴突的连接点（即突触）连接。通过突触，神经元可以接收其他神经元的刺激，并且发送信号给其他神经元。

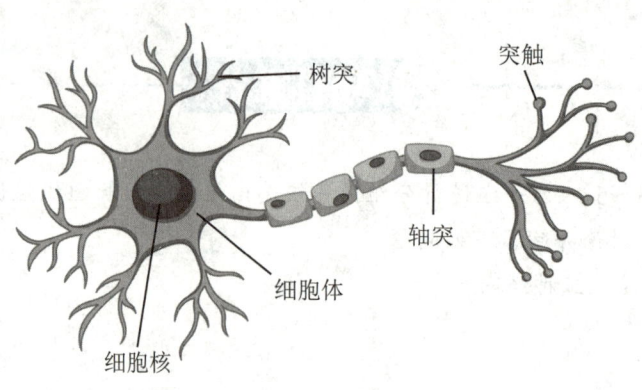

图 4-1 生物神经元结构

生物神经元有抑制和兴奋两种状态。当神经元处于抑制状态时，轴突并不向外输出信号，当树突中输入的刺激累计达到一定程度，超过某个阈值时，神经元就会由抑制状态转为兴奋状态，同时，通过轴突向其他神经元发送信号。

2．M-P 神经元模型

人们通过对生物神经元进行研究，提出了人工神经元模型，人工神经元是神经网络的基本单元。1943 年，神经生理学家沃伦·麦卡洛克和数学家沃尔特·皮兹提出了 M-P 神经元模型，模拟实现了一个多输入单输出的信息处理单元，如图 4-2 所示。

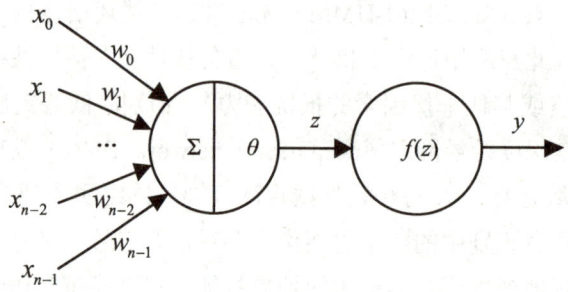

图 4-2 M-P 神经元模型

对于 M-P 神经元模型，它可能同时接收许多个输入信号，用 x_i 表示，用于模拟生物神经元的树突，接收来自其他神经元的信号，这些信号的来源不同，对神经元的影响也不同，因此给它们分配了不同的权重 w_i。计算单元模拟生物神经元中的细胞核，对接收到的输入信号加权求和后，与产生神经兴奋的阈值 θ 相减，得到中间值 z，通过激活函数 f（激活函数采用阶跃函数）模拟神经兴奋。例如，当 z 的值小于 0 时，神经元处于抑制状态，输出为 0；当 z 的值大于或等于 0 时，神经元被激活，处于兴奋状态，输出为 1。输出 y 模拟生物神经元中的轴突，将神经元的输出信号传递给其他神经元。M-P 神经元模型可用如下公式表示。

$$y = f(z) = f\left(\sum_{i=0}^{n-1} w_i x_i - \theta\right)$$

M-P 神经元模型模拟了生物神经网络，但是权重值 w_i 无法自动学习和更新，不具备学习的能力。

3. 感知机

感知机是由弗兰克·罗森布拉特于 1957 年提出的。它是最简单的人工神经网络，是一种广泛使用的线性分类器。

感知机由输入层和输出层两层神经元组成，输入层接收外界输入的多个信号后，会传输给输出层（输出层是 M-P 神经元），由输出层进行数据处理，然后输出分类结果，如图 4-3 所示。其中，x_0，x_1，…，x_{n-1} 为输入信号，y 为输出信号，w_0，w_1，…，w_{n-1} 为权重，b 为神经元的阈值 θ，由于神经元的阈值也是一个可学习的参数，并且是一个常数，因此将其转化为偏置项，显然 $b = -\theta$。

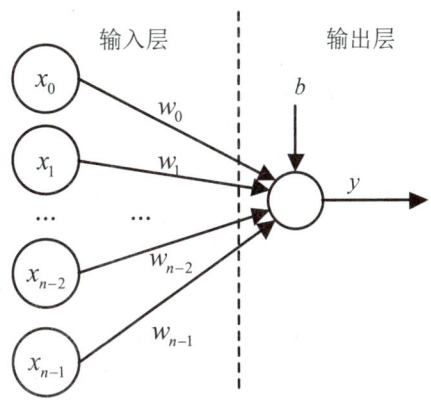

图 4-3 单层感知机模型

当输入信号 x_i 被送往输出层时，输出层神经元对数据进行处理的过程为，输入信号 x_i 乘以各自的权重 w_i 后求和，加上偏置 b，再由激活函数处理得到输出 y，可用如下公式表示。

$$y = f\left(\sum_{i=0}^{n-1} w_i x_i + b\right)$$

与 M-P 神经元模型需要人为确定参数不同，感知机能够通过训练自动确定参数。其训练方式为有监督学习，即需要设定训练样本和期望输出，然后调整实际输出和期望输出之间的差距。

4. 多层感知机

感知机模型是一个线性分类器，无法解决非线性分类问题。为此，人们提出了能够解决非线性分类问题的多层感知机模型。多层感知机（multilayer perceptron, MLP）模型在输入层和输出层之间加入了若干隐藏层（隐藏层神经元也是拥有激活函数的功能性神经元），以形成能够将样本正确分类的凸域，使得神经网络对非线性情况的拟合程度大大增强，如图 4-4 所示。

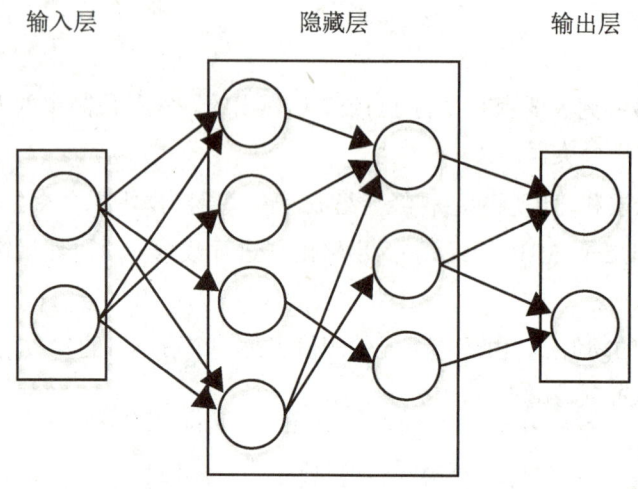

图 4-4　多层感知机模型

图 4-4 是一个具有两个隐藏层的多层感知机模型的拓扑结构，最左边一列称为输入层，最右边一列称为输出层，中间两列称为隐藏层。需要说明的是，在统计神经网络的层数时，输入层一般是不计入层数的。通常，将去除输入层之后的神经网络从左至右依次计数得到的总层数，称为神经网络的最终层数。因此，在图 4-4 中，把输入层记为第 0 层，隐藏层记为第 1 层和第 2 层，输出层记为第 3 层，即图 4-4 是一个 3 层神经网络。

多层感知机是一种前馈神经网络。前馈神经网络是一种单向多层的网络结构，数据从输入层开始，逐层向一个方向传递，直到输出层结束，各层之间没有反馈。所谓"前馈"是指输入数据的传播方向为前向，在此过程中，并不调整各层的权重和偏置参数，而反向传播时，将误差逐层向后传递，从而实现使用权重和偏置参数对特征的记忆，即通过反向传播算法来计算各层网络中神经元之间的权重，反向传播算法具有非线性映射能力，理论上可逼近任意连续函数，从而实现对模型的学习。前馈神经网络是应用最广泛、发展最迅速的人工神经网络之一。

5．深度神经网络

深度神经网络是指包含多个隐藏层的神经网络，隐藏层的层数越多，代表"深度"越深。一个深度神经网络模型通常包含一个输入层、一个或多个隐藏层和一个输出层。每层由若干个神经元节点组成，每个节点链接到下一层中的一个或多个节点，并具有相关的信号传递权重与阈值。

深度神经网络的常见结构有卷积神经网络、循环神经网络、长短期记忆神经网络等，下面分别介绍这些神经网络的结构。

（1）卷积神经网络。

卷积神经网络（convolutional neural network, CNN）是一种包含卷积运算的前馈神经网络，典型的卷积神经网络由卷积层、池化层和全连接层3部分组成。卷积神经网络主要用于图像分类任务，在图像分类任务中表现良好的深度卷积神经网络，往往由多个"卷积层+池化层"的组合堆叠而成，通常多达十几层甚至上百层，如图4-5所示。

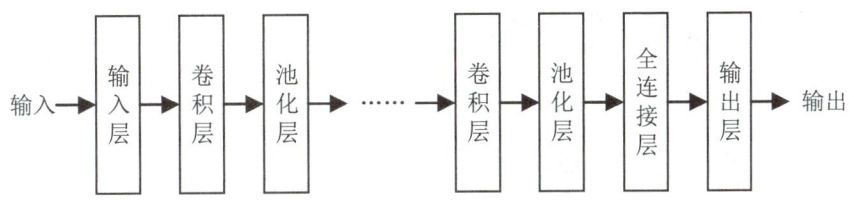

图4-5　卷积神经网络的结构

卷积神经网络用于图像分类任务时，卷积层主要用于提取图像中的局部特征；池化层主要用于对提取出的局部特征进行降维处理，防止过拟合；全连接层主要用于接收池化层的输出，为后续分类做准备。

知识库

神经网络模型的拟合能力分为欠拟合、正常拟合和过拟合。欠拟合是指神经网络模型在训练集、验证集和测试集上表现均不佳，即模型没有训练好。引起欠拟合的原因是神经网络模型复杂度过低或特征值过少等，可以通过增加神经网络模型的复杂度或在神经网络模型中增加特征值，解决欠拟合问题。过拟合是指神经网络模型在训练集上表现良好，但在验证集和测试集上表现却较差，即神经网络模型对训练集"死记硬背"，记住了不适用于测试集的性质或特点，没有理解数据背后的规律，丧失了泛化能力。导致过拟合的常见原因是构建的模型过于复杂，故在实际项目中，应尽量避免构建并训练过度复杂的模型。

（2）循环神经网络。

循环神经网络（recurrent neural network, RNN）是一类用于处理序列数据的神经网络，它主要用于自然语言处理（natural language processing, NLP）领域。循环神经网络也包含输入层、隐藏层和输出层，但其隐藏层的神经元不仅可以接收其他神经元的信息，还可以接收自身的信息，形成具有环路的网络结构，即神经元的输出可以在下一个时间步直接作用于自身，如图4-6和图4-7（抽象表示）所示。

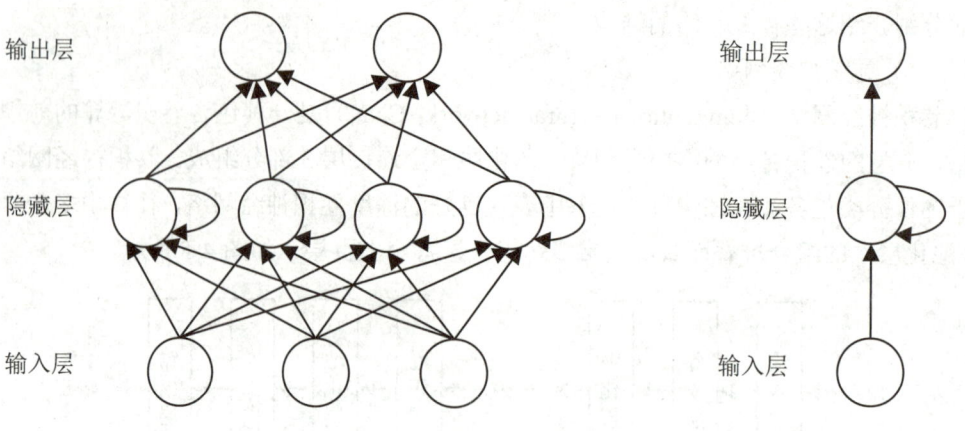

图 4-6 循环神经网络　　　　　　　图 4-7 循环神经网络抽象表示

（3）长短期记忆神经网络。

长短期记忆神经网络（long short-term memory, LSTM）是循环神经网络中较常用的一种网络，它具有长期记忆功能。长短期记忆神经网络的记忆单元引入了"门"结构（"门"是一种让数据选择性通过的方法）来遗忘或更新数据到记忆单元状态，其结构如图 4-8 所示。

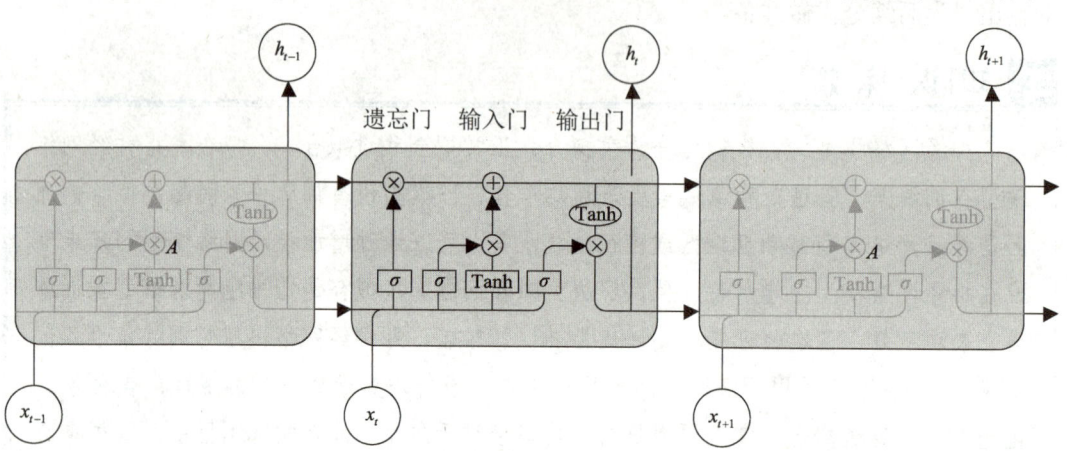

图 4-8 长短期记忆神经网络的记忆单元

长短期记忆神经网络的记忆单元包含遗忘门、输入门和输出门。其中，遗忘门决定需要遗忘记忆单元状态的哪些数据，保留哪些数据；输入门决定需要更新记忆单元状态的哪些数据，包括新增数据和需要替换的数据；输出门决定记忆单元状态中有哪些数据输出至下一记忆单元，作为其输入数据。

6. 神经网络的激活函数

激活函数是一个非线性函数，其作用是去线性化。多层神经网络节点的计算是加权求和，再加上偏置，是一个线性模型，将这个计算结果传给下一层的节点还是同样的线性模型。只通过线性变换，所有隐藏层的节点就无存在的意义。加入激活函数，就提供了一个非线性的变换方式，大大提升了模型的表达能力。常用的激活函数有 Sigmoid 函数、Tanh 函数、ReLU 函数和 Softmax 函数等。

（1）Sigmoid 函数的数学表达式为 $\text{Sigmoid}(x) = \dfrac{1}{1+e^{-x}}$，其图像如图 4-9 所示。

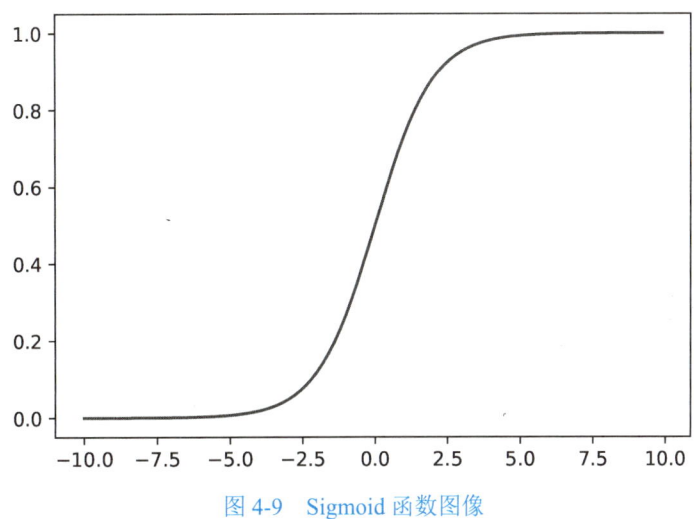

图 4-9　Sigmoid 函数图像

Sigmoid 激活函数在神经网络发展初期经常使用，但近几年，使用 Sigmoid 函数作为激活函数的神经网络已经很少了。原因是神经网络在更新参数时，需要从输出层到输入层逐层进行链式求导，而 Sigmoid 函数的导数输出是 0~0.25 的小数，链式求导需要多层导数连续相乘，这就会出现多个 0 的连续相乘，结果将趋近于 0，产生梯度消失，使得参数无法继续更新。另外，Sigmoid 函数存在幂运算，计算复杂度高，训练时间长。

（2）Tanh 函数的数学表达式为 $\text{Tanh}(x) = \dfrac{1-e^{-2x}}{1+e^{-2x}}$，其图像如图 4-10 所示。

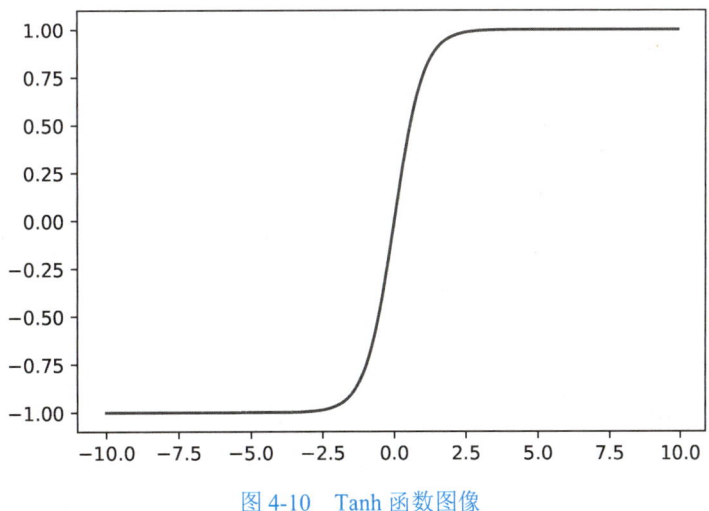

图 4-10　Tanh 函数图像

Tanh 函数也是在神经网络中使用较早的激活函数。Tanh 函数将 Sigmoid 函数在 y 轴上进行了拉伸，使其关于坐标原点对称。Tanh 函数的缺点是当自变量很大或很小时，其导数接近于 0，会导致权重更新速度变慢。

（3）ReLU 函数的数学表达式为 $\mathrm{ReLU}(x) = \max(x, 0) = \begin{cases} x, & x \geqslant 0 \\ 0, & x < 0 \end{cases}$，其图像如图 4-11 所示。

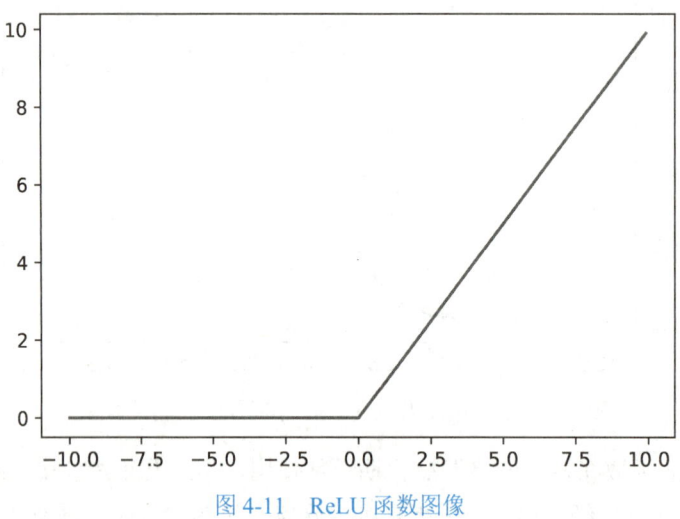

图 4-11　ReLU 函数图像

可见，ReLU 函数在原点处是不可微的，但由于神经元中的输入经过加权求和后，出现 0 的概率极低，因此，ReLU 函数仍可作为激活函数使用。ReLU 函数无论是前向传播还是反向传播，其速度都比 Sigmoid 函数和 Tanh 函数快很多。

（4）Softmax 函数的数学表达式为

$$\mathrm{Softmax}(x_i) = \frac{\mathrm{e}^{x_i}}{\sum_{k=1}^{c} \mathrm{e}^{x_k}}$$

其中，e^{x_i} 为第 i 个节点的输出值，c 为输出节点的个数，即分类的类别个数。Softmax 函数适用于多元分类问题，它可以将多分类的输出值转换为范围在 $[0,1]$，且和为 1 的概率分布。故通常会在神经网络的最后一层附加一个 Softmax 函数，输出规范化的概率分布。

4.1.2　深度神经网络的编程实现

1. 使用 Keras 构建神经网络

Keras 提供了两种模型用于构建神经网络，分别是顺序模型和函数式模型。顺序模型也称 Sequential 模型，是 Keras 中最常用的模型，其中预置了输入层、全连接层、卷积层、池化层、长短期记忆层等多种神经层，使用这些预置的层可以快速构建神经网络。函数式模型用于构建复杂的神经网络，可定义多个输入层、输出层或共享层，具有更大的灵活性。

（1）构建顺序网络模型。构建一个顺序网络模型的格式如下。

```
tf.keras.models.Sequential(layer=None,name=None)
```

其中，tf 表示 TensorFlow 深度学习框架，是在"import tensorflow as tf"语句的前提下进行的操作，本书其他代码中的 tf 与此意义相同；layer 表示要添加到网络模型的层列表或元组；name 表示网络模型的名称。

使用 Sequential()函数构建顺序网络模型时，可以同时定义网络模型中各层的结构。

① 输入层。在 Keras 中，使用 Input()函数可创建输入层，格式如下。

```
tf.keras.Input(shape=None,batch_size=None,name=None,dtype=None)
```

其中，shape 表示输入数据的形状元组，默认为 None；batch_size 表示批量大小，默认为 None；name 表示当前层的名称，默认为 None；dtype 表示输入数据期望的数据类型，默认为 None。

指点迷津

多数情况下，Keras 的 Sequential 模型可以不单独构建输入层，而是在新增第一个隐藏层时，利用 input_shape 参数指定输入数据的形状。

② 隐藏层和输出层。在神经网络中，隐藏层和输出层是具有计算功能的神经元，可以使用 tf.keras.layers.Dense()函数创建，格式如下。

```
tf.keras.layers.Dense(units,activation=None,kernel_regularizer=None)
```

其中，units 表示神经元的个数；activation 用于指定激活函数的类型，以字符串的形式给出，可以是'relu'、'softmax'、'sigmoid'、'tanh'等；kernel_regularizer 表示应用于权重的正则化函数，如 tf.keras.regularizers.l1()或 tf.keras.regularizers.l2()。

指点迷津

在 Keras 中，tf.keras.layers.Dense()函数创建的是全连接层。如果要创建其他类型的隐藏层，可使用相应的函数进行创建，如 tf.keras.layers.Conv2D()函数可创建二维卷积层，tf.keras.layers.MaxPool2D()函数可创建二维最大池化层，tf.keras.layers.LSTM()函数可创建长短期记忆层。

【例 4-1】 构建一个两层的顺序神经网络模型，并为其添加输入层、隐藏层和输出层，其中输入层有 4 个神经元，隐藏层有 8 个神经元，输出层有 3 个神经元，隐藏层使用 ReLU 函数作为激活函数，输出层使用 Softmax 函数作为激活函数。要求显示顺序网络模型各层的参数信息。

【参考代码】

```
import tensorflow as tf            #导入TensorFlow深度学习框架
#创建顺序网络模型,并添加输入层、隐藏层和输出层
model=tf.keras.models.Sequential([
tf.keras.Input(shape=(4,)),
tf.keras.layers.Dense(8,activation='relu'),
tf.keras.layers.Dense(3,activation='softmax',kernel_regularizer
=tf.keras.regularizers.l2())])
model.summary()                    #显示顺序网络模型各层的参数信息
```

【运行结果】 程序运行结果如图 4-12 所示。从结果中可以看出,全连接神经网络模型中,"dense"是隐藏层,有 8 个神经元,由于输入层有 4 个神经元,那么就有 32 个权重和 8 个偏置,共 40 个参数;"dense_1"是输出层,有 3 个神经元,由于隐藏层有 8 个神经元,就有 24 个权重和 3 个偏置,共 27 个参数;因此,整个神经网络共有 67 个参数。

```
Model: "sequential"

Layer (type)            Output Shape          Param #

dense (Dense)           (None, 8)             40

dense_1 (Dense)         (None, 3)             27

Total params: 67
Trainable params: 67
Non-trainable params: 0
```

图 4-12 顺序神经网络模型各层的参数信息

(2)构建函数式模型。在 Keras 中,函数式模型可以通过 Model 类构建,Model 类的语法格式如下。

```
tf.keras.models.Model(inputs=inputs,outputs=outputs)
```

其中,inputs 用于指定输入层;outputs 用于指定输出层。

【例 4-2】 使用 Model 类构建一个神经网络模型,该模型的输入层有 3 个节点,第一个隐藏层有 3 个节点,第二个隐藏层有 4 个节点,输出层有两个节点。隐藏层使用 ReLU 函数作为激活函数,输出层使用 Softmax 函数作为激活函数。要求显示模型各层的参数信息。

【参考代码】

```
import tensorflow as tf            #导入TensorFlow深度学习框架
from keras.layers import Input,Dense    #导入Keras中的各种层
from keras.models import Model           #导入Keras中的Model类
#创建网络模型
a=Input(shape=(3,))
```

```
b=Dense(3,activation='relu')(a)
c=Dense(4,activation='relu')(b)
d=Dense(2,activation='softmax')(c)
model=Model(inputs=a,outputs=d)
model.summary()                    #显示网络模型各层的参数信息
```

【运行结果】 程序运行结果如图 4-13 所示。

```
Model: "model"
_____
 Layer (type)                Output Shape              Param #
=================================================================
 input_1 (InputLayer)        [(None, 3)]               0
 dense (Dense)               (None, 3)                 12
 dense_1 (Dense)             (None, 4)                 16
 dense_2 (Dense)             (None, 2)                 10
=================================================================
Total params: 38 (152.00 Byte)
Trainable params: 38 (152.00 Byte)
Non-trainable params: 0 (0.00 Byte)
_____
```

图 4-13 函数式神经网络模型各层的参数信息

2. 使用 Sklearn 构建神经网络

Sklearn 的 neural_network 模块提供了 MLPClassifier 类，用于实现多层感知机（神经网络）分类算法。在 Sklearn 中，可通过下面语句导入 MLPClassifier 算法模块。

`from sklearn.neural_network import MLPClassifier`

MLPClassifier 类有如下几个参数。

（1）参数 hidden_layer_sizes 用于指定隐藏层的层数和每层的节点数。该参数值是一个元组，元组的长度表示隐藏层的层数，元组的值表示每层的节点数。例如，(20，30) 表示隐藏层有两层，第一层有 20 个神经元（节点），第二层有 30 个神经元。该参数的默认值为 100。

（2）参数 activation 用于指定激活函数的类型，取值有 4 种，分别为 identity、logistic（Sigmoid 激活函数）、tanh 和 relu，默认值为 relu。其中，identity 表示激活函数为 $g(x)=x$，等价于不使用激活函数。

（3）参数 solver 用于指定损失函数的优化方法，取值有 3 种，分别为 lbfgs、sgd 和 adam，默认值为 adam。lbfgs 表示拟牛顿法，对小数据集来说，lbfgs 收敛更快，效果更好；sgd 表示使用随机梯度下降法进行优化；adam 是一种随机梯度最优化算法，对于较大规模的数据集，这种算法效果相对较好。

（4）参数 alpha 表示正则化项的系数，默认值为 0.000 1。

（5）参数 max_iter 表示训练过程的最大迭代次数，默认值为 200。

（6）参数 learning_rate_init 表示初始学习率，用于控制更新权重的步长，只有当参数 solver 的取值为 sgd 或 adam 时，该参数才有效。

4.2 深度神经网络—隐马尔可夫模型

4.2.1 深度神经网络—隐马尔可夫模型的工作原理

在传统声学模型的建模过程中，隐马尔可夫模型的观测概率分布普遍使用高斯混合模型进行建模，但高斯混合模型本质上属于浅层结构，表征能力不强，而深度神经网络拥有更强的表征能力，能够对复杂的语音变化情况进行建模。因此，研究人员开始探索使用深度神经网络来代替高斯混合模型，进行声学模型的建模，从而形成了深度神经网络—隐马尔可夫模型（DNN-HMM）。在该模型中，DNN 用于建模声学特征，而 HMM 仍然用于建模语音信号的时序结构，如图 4-14 所示。

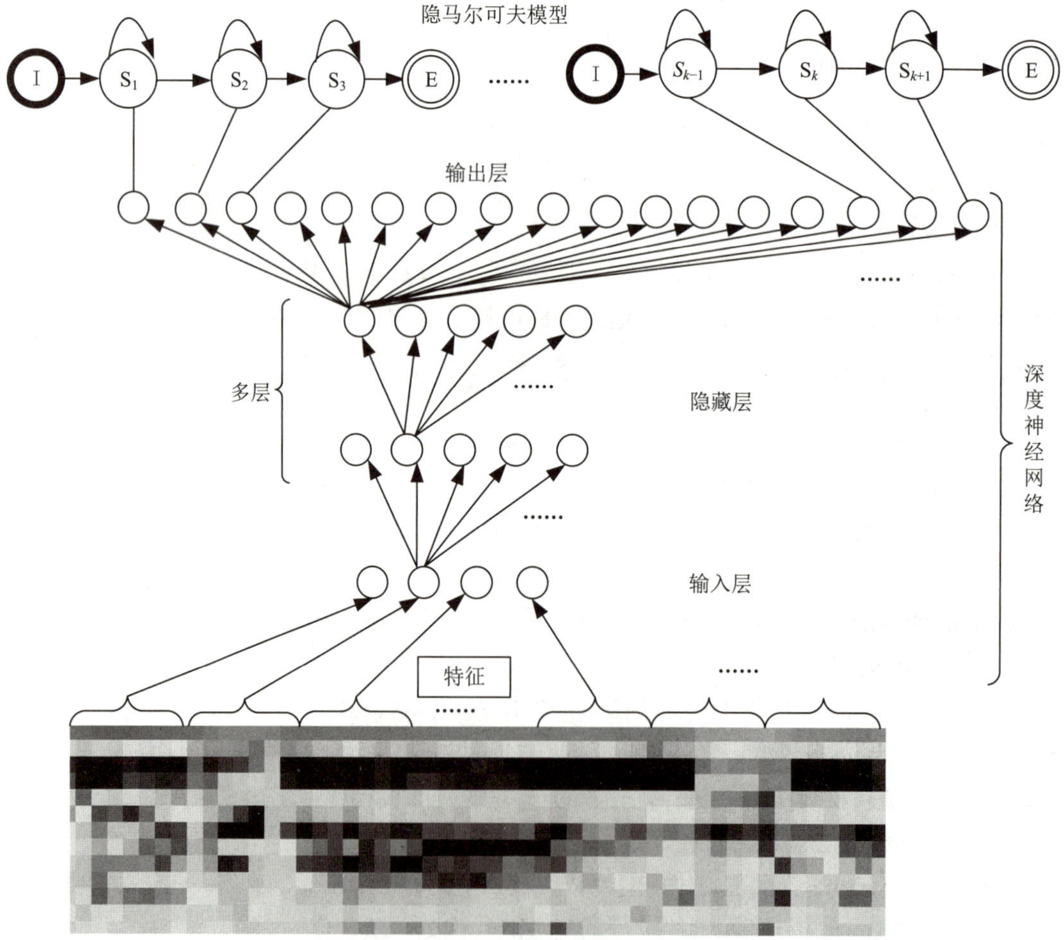

图 4-14 DNN-HMM 的结构

从图 4-14 中可以看出，在深度神经网络—隐马尔可夫模型中，神经网络的每个输出节点与 HMM 的每个状态相对应。当计算 HMM 某个发射状态对应的语音特征的发射概率时，只需要计算深度神经网络输出节点的后验概率即可。

> **知识库**
>
> 在一个空间中，事件 A 发生的概率用 $P(A)$ 表示；在事件 A 发生的条件下，事件 B 发生的概率用 $P(B|A)$ 表示。那么，$P(A)$ 就是先验概率，$P(B|A)$ 则称作事件 B 的后验概率。后验概率的计算公式为 $P(B|A) = \dfrac{P(A \cap B)}{P(A)} = \dfrac{P(B \cap A)}{P(A)} = \dfrac{P(A|B)P(B)}{P(A)}$。

4.2.2 深度神经网络—隐马尔可夫模型的训练

深度神经网络—隐马尔可夫模型用于声学建模时，首先需要训练一个高斯混合模型—隐马尔可夫模型，用于帧与状态的对齐，然后基于此模型再训练一个深度神经网络模型，最后使用深度神经网络模型替换高斯混合模型—隐马尔可夫模型中计算观测概率的高斯混合模型部分，并保留其他部分不变。深度神经网络—隐马尔可夫模型的具体训练流程如下。

（1）训练一个 GMM-HMM 声学模型，通过 GMM-HMM 识别系统进行 Viterbi 对齐，实现训练数据帧与状态的对齐，生成一个对齐的标注序列。

（2）预训练 DNN 模型。使用对齐的标注序列和对应的语音特征来预训练 DNN 模型。DNN 模型的输入是语音特征，输出是每个时间步的帧级别标签的预测。在训练过程中，需要用到前向传播算法，并使用随机梯度下降算法来最小化损失函数。

（3）构建 DNN-HMM 模型。用 DNN 模型替换 GMM-HMM 模型中计算观测概率的 GMM 部分，形成 DNN-HMM 模型。这样即可使用 DNN 的输出作为 HMM 的观测概率。此时，DNN 的输出节点数与 HMM 的状态数相同，每个输出节点代表一个状态的概率，再使用 Softmax 函数将 DNN 的输出转换为概率分布，从而得到音素的后验概率。

（4）优化 DNN-HMM 模型。使用反向传播算法，对 DNN 中的参数进行优化。需要注意的是，以上步骤可能需要进行多次迭代以达到最佳性能。

下面对深度神经网络训练过程中涉及的前向传播算法、损失函数、梯度下降算法和反向传播算法进行介绍。

1. 前向传播算法

前向传播算法是指神经网络向前计算最后得到预测值的过程。在神经网络中，前向传播是输入层接收数据，并将数据传递给隐藏层进行处理，数据在隐藏层的每一层依次处理过后，最后传递给输出层进行处理并输出的过程。

2. 损失函数

通过前向传播算法输出模型的预测值之后，接下来就是计算损失函数的值。损失函数通常用于描述模型预测值与真实值之间的差距大小。损失函数值越小，代表模型得到的结果与真实值的偏差越小，说明模型越精确。不同的算法有不同的损失函数。神经网络模型一般采用交叉熵函数作为损失函数，用于语音识别的交叉熵损失函数的公式为

$$J_{\text{CE}} = -\sum_{t}^{T}\sum_{i}\hat{y}_i(t)\ln y_i(t)$$

其中，T 是特征序列的帧数，i 是输出层节点索引，$\hat{y}_i$ 是训练数据的真实标签，y_i 是神经网络的输出，一般采用 Softmax 函数进行归一化。

3. 梯度下降算法

训练 DNN 模型的目标是找到一组合适的参数使得损失函数最小。这组参数怎样寻找呢？通常采用梯度下降算法。梯度下降算法的基本思想是在权重空间中朝着误差下降最快的方向搜索，找到局部的最小值。梯度下降算法每次更新参数时的计算公式为

$$w^{(k+1)} = w^{(k)} - \eta \frac{\partial \text{Loss}(w,b)}{\partial w}$$

$$b^{(k+1)} = b^{(k)} - \eta \frac{\partial \text{Loss}(w,b)}{\partial b}$$

其中，w 为权重，b 为偏置，Loss() 为损失函数，η 为学习率。通过反复执行上述公式，更新权重 w 和偏置 b 的值，逐渐减小损失函数的值。

4. 反向传播算法

神经网络前向传播时，输入信号经输入层输入，通过隐藏层的计算由输出层输出。此时，将输出值与真实值相比较，如果有误差，则使用梯度下降算法对神经元的权重和偏置进行反馈和调节，将误差"分摊"给输出层和隐藏层的各神经元，从而获得各神经元的误差值，以误差值为依据更新各神经元权重和偏置的过程称为反向传播算法。

DNN 通过反向传播之后，将输出层的误差依次向隐藏层到输入层传播，实现损失代价的逐层传递，并在每层分别调整权重和偏置参数，直到期望损失函数不再更新，达到最小化的收敛状态为止。

《中国语音学报》创刊于 2008 年，是中国语言学会语音学分会会刊，由中国社会科学院语言研究所主办，中国社会科学出版社出版并公开发行。它重点刊登以语音学研究为主的论文，收录与语音学相关的其他学科成果，同时，该报也征集有关语音研究的实验技术、实验方法、实验设备以及实验室方面的介绍性文章。形式上可以是专题论文、学术评论、学科动态、前沿综述和实验报告等。本刊自创刊以来，选题新奇而不失报道广度，服务大众而不失理论高度，颇受业界和广大读者的关注和好评。

4.2.3 深度神经网络—隐马尔可夫模型的编程实现

在训练深度神经网络—隐马尔可夫模型时，需要先使用 GMM-HMM 声学模型进行帧与状态的对齐，然后再将 GMM-HMM 模型中的 GMM 替换为 DNN 并进行训练，整个过程需要定义多个类和函数，程序比较复杂。故本节将深度神经网络—隐马尔可夫模型的程序封装在了一个名为 dnnhmm 的模块中（见本书配套素材"item4/dnnhmm.py"），在实际使用时可直接调用该模块中的类和函数。dnnhmm 模块中的类主要有高斯模型类、高斯隐马尔可夫模型类和深度神经网络—隐马尔可夫模型类，函数主要有深度神经网络—隐马尔可夫模型的训练函数。下面对这些类和函数进行介绍。

（1）高斯模型类。高斯模型类的类名称为 SingleGaussian，它的格式如下。

`SingleGaussian(mu=None,r=None)`

其中，mu 用于指定高斯分布的均值；r 用于指定高斯分布的方差。另外，在 SingleGaussian 类中还定义了 train() 方法，用于对高斯模型进行训练。

（2）高斯隐马尔可夫模型类。高斯隐马尔可夫模型类的类名称为 HMM，它的格式如下。

`HMM(sg_model,nstate)`

其中，sg_model 表示高斯模型；nstate 表示隐藏状态的数量。另外，在 HMM 类中还定义了 hmm_train() 方法，用于对高斯隐马尔可夫模型进行训练。

（3）深度神经网络—隐马尔可夫模型类。深度神经网络—隐马尔可夫模型类的类名称为 HMMMLP，该类中的深度神经网络使用多层感知机进行定义，它的格式如下。

`HMMMLP(mlp,hmm_model,S,uniq_state_dict)`

其中，mlp 表示多层感知机模型；hmm_model 表示训练好的高斯隐马尔可夫模型；S 表示所有数据状态序列的拼接；uniq_state_dict 表示标签与状态的组合字典。

（4）深度神经网络—隐马尔可夫模型的训练函数。深度神经网络—隐马尔可夫模型的训练函数为 MHtrain()，它的格式如下。

`MHtrain(digits,train_data,hmm_model,uniq_state_dict,nunits=(128,128),lr=0.01)`

其中，digits 表示训练数据的标签；train_data 表示训练数据；hmm_model 表示训练好的高斯隐马尔可夫模型；uniq_state_dict 表示标签与状态的组合字典；nunits 用于指定多层感知机模型隐藏层的层数和每层的节点数；lr 表示学习率，用于控制参数更新的步长。

语音识别技术及应用

项目实施 ——数字命令语音识别

使用 DNN-HMM 训练声学模型时，一般会将语音序列映射为音素序列，但对于少量已知标签的数字命令语音识别来说，使用 DNN-HMM 训练的模型可以直接映射为数字，故本项目只使用 DNN-HMM 模型，即可训练出数字命令语音识别模型。

1. 数据准备

步骤 1 导入 Pandas、NumPy 和 Librosa 库。

步骤 2 导入 os、warnings、logging、argparse 和 pickle 模块。其中，logging 模块用于记录程序运行过程中的信息，argparse 模块用于解析命令行参数，pickle 模块用于对象的序列化和反序列化操作。

数据准备

> **高手点拨**
>
> 在命令行或终端中运行程序时，经常需要传递一些参数给程序以改变其运行方式或指定特定的行为，这些参数被称为命令行参数。在 Python 中，argparse 模块提供了一个简单的界面来创建用户友好的命令行接口，使用该模块可方便地解析和处理命令行参数。
>
> 序列化是指将对象转换为字节流或其他形式（JSON、XML 等）的数据，便于数据的存储或传输。在 pickle 模块中，dump(obj,file)函数可用于对象的序列化，其中，obj 表示要保存的对象，file 表示存储文件。
>
> 反序列化是指将序列化后的数据重新转换为原始对象的过程。在 pickle 模块中，load(file)函数可用于数据的反序列化，即将文件中的数据解析为一个 Python 对象。

步骤 3 使用 warnings 模块设置忽略警告。

步骤 4 定义 search_speeches()函数，用于递归搜索指定目录中的 WAV 文件，并将这些文件的路径和对应标签（标签由目录结构中获取）组织成一个字典。

【参考代码】

```
import pandas as pd              #导入 Pandas 库
import numpy as np               #导入 NumPy 库
import librosa                   #导入 Librosa 库
import os                        #导入 os 模块
import warnings                  #导入 warnings 模块
import logging                   #导入 logging 模块
import argparse                  #导入 argparse 模块
import pickle                    #导入 pickle 模块
```

```
warnings.filterwarnings("ignore")        #设置忽略警告
#定义语音文件的路径和标签的映射字典函数
def search_speeches(directory, speeches):
    directory=os.path.normpath(directory)    #统一文件的路径格式
    #检查目录是否存在
    if not os.path.isdir(directory):
        raise IOError("路径"+directory+'不存在')
    #获取文件夹中的子目录
    for entry in os.listdir(directory):
        label=directory[directory.rfind(os.path.sep)+1:]
                    #获取路径的分类文件夹名称作为分类标签
        path=os.path.join(directory,entry)
                    #将目录路径与文件夹名称拼接成新的完整路径
        if os.path.isdir(path):        #如果新路径还是文件夹则递归查询
            search_speeches(path,speeches)
        elif os.path.isfile(path) and path.endswith('.wav'):
                    #如果是以'.wav'结尾的文件则进一步处理
            if label not in speeches:
                speeches[label]=[]
            speeches[label].append(path)
```

2. 特征提取

步骤1 定义 extract_mfcc()函数，用于提取语音文件的MFCC特征。

步骤2 定义 gen_data()函数，用于将提取到的MFCC特征保存到指定的pkl文件中。pkl文件是一种二进制文件格式，用于存储Python对象，以便后续重新加载和使用。

特征提取

步骤3 调用 gen_data()函数，提取训练集与测试集的特征，并将提取到的特征保存在相应的文件中。

指点迷津

开始编写程序前，须将本书配套素材 "item4/ch" 文件夹复制到当前工作目录中，也可将其放于其他盘，如果放于其他盘，读取数据文件时要指定相应路径。

【参考代码】
```
#定义extract_mfcc()函数，用于提取MFCC特征
def extract_mfcc(full_audio_path):
```

```python
    wave,sample_rate=librosa.load(full_audio_path)
    mfcc_features=librosa.feature.mfcc(y=wave, sr=sample_rate)
    return mfcc_features.T
#定义gen_data()函数，用于将提取到的MFCC特征保存到指定文件中
def gen_data(data_src,data_dir):
    data_dirname=os.path.dirname(data_dir)   #获取指定文件的路径
    #如果文件名不存在，则创建指定文件
    if not os.path.exists(data_dirname):
        os.mkdir(data_dirname)
    t_speeches={}                            #初始化一个空字典t_speeches
    search_speeches(data_src,t_speeches)
                                             #调用search_speeches()函数
    tmp={}                                   #初始化一个空字典tmp
    utt2feats_scp=pd.DataFrame([],columns=['utt','feats','label'])
                            #创建一个空的DataFrame对象，并指定列名
    #遍历字典t_speeches中的键值对
    for label,filenames in t_speeches.items():
        for filename in filenames:      #遍历每个标签对应的文件列表
            feats=extract_mfcc(filename)    #提取语音文件的MFCC特征
            tmp['label']=label              #保存样本标签
            tmp['utt']=filename             #保存样本名称
            tmp['feats']=feats              #保存特征矩阵
            tmp['length']=feats.shape[0]    #样本特征长度
            utt2feats_scp=utt2feats_scp.append(tmp,ignore_index=True)
                            #将tmp追加到DataFrame对象中，并忽略索引
    utt2feats_scp.to_pickle(data_dir)#将DataFrame对象序列化
                        为pickle格式的文件，并保存到指定的数据文件中
gen_data('./ch/train', './feats/ch_train_lib.pkl')
gen_data('./ch/test', './feats/ch_test_lib.pkl')
print("特征提取完成!")
```

【运行结果】 程序运行结果如图4-15所示。可见，训练集与测试集的数据特征提取完成，并分别保存在"ch_train_lib.pkl"和"ch_test_lib.pkl"文件中。

特征提取完成!

图4-15 特征提取结果

3. 模型训练

步骤1 导入自定义模块 dnnhmm，用于调用深度神经网络——隐马尔可夫模型，导入时需将该模块放于当前工作目录中。

步骤2 使用 argparse 模块解析命令行参数，并指定训练数据路径、测试数据路径、迭代次数等参数。

步骤3 配置 logging 模块，以便记录程序运行过程中的信息。

模型训练

【参考代码】

```
import dnnhmm                                    #导入dnnhmm模块
#使用argparse模块解析命令行参数
parser=argparse.ArgumentParser()                 #创建解析器对象
parser.add_argument('--train_feats',type=str,
default='./feats/ch_train_lib.pkl',help='training data feats path')
                                #添加命令行参数，并指定训练数据的默认路径
parser.add_argument('--test_feats',type=str,
default='./feats/ch_test_lib.pkl',help='test data feats path')
                                #指定测试数据的默认路径
parser.add_argument('--niter',type=int,default=10)
                                #指定迭代次数
parser.add_argument('--nstate',type=int,default=5)
                                #指定隐藏状态数量
parser.add_argument('--nepoch',type=int,default=8)
                                #指定训练的次数
parser.add_argument('--lr',type=int,default=0.01)
                                #指定学习率，用于控制参数更新的步长
parser.add_argument('--debug',action='store_true')
                                #控制是否开启调试模式
parser.add_argument('--hmm_model_save',type=str,
default='hmmch.pickle')         #添加'--hmm_model_save'参数
args=parser.parse_known_args()[0]                #获取命令行参数的值
np.random.seed(8)               #设置随机数种子，用于确保结果的可重复性
#配置logging模块，记录程序运行过程中的信息
log_format="%(asctime)s(%(module)s:%(lineno)d)%(levelname)s:%(message)s"
logging.basicConfig(level=logging.INFO,format=log_format,
datefmt='%H:%M:%S')
```

> **指点迷津**
>
> 使用 argparse 模块解析和处理命令行参数时，主要用到的方法有 ArgumentParser()、add_argument() 和 parse_known_args()。其中，ArgumentParser() 方法用于创建命令行参数的解析器对象，使用该对象可定义命令行接口；add_argument() 方法用于添加命令行参数，指定参数的类型、默认值及相关的帮助消息等；parse_known_args() 方法用于解析命令行参数并返回一个元组，元组的第一个元素是一个命名空间，它包含了所有已识别的参数值，第二个元素是一个列表，它包含了所有未识别的命令行选项（如果有的话）。
>
> 代码 "args=parser.parse_known_args()[0]" 使用索引[0]来获取元组的第一个元素，即所有已识别的参数值。这样就可以通过访问 args 来获取命令行参数的值。例如，若解析器中有一个名为 "--input_file" 的参数，则可通过 "args.input_file" 来获取它的值。

步骤 4　使用 Pandas 读取训练数据。
步骤 5　定义 digits 列表，用于存储字符串'0'~'10'。
步骤 6　将数字和状态的所有可能组合映射为唯一的整数，并存入字典 uniq_state_dct 中。
步骤 7　将训练数据按照标签（数字）进行分类，并存储到字典 train_data_dct 中。

【参考代码】

```python
#使用Pandas读取训练数据
utt_train=pd.read_pickle(args.train_feats)
digits=['0','1','2','3','4','5','6','7','8','9','10']
                            #定义列表，用于存储字符串'0'~'10'
#将数字和状态的所有可能组合映射为唯一的整数，并存入字典uniq_state_dct中
uniq_state_dct={}           #定义字典uniq_state_dct
i=0
for digit in digits:
    for state in range(args.nstate):
        uniq_state_dct[(digit,state)]=i
        i+=1

#将训练数据按照标签（数字）进行分类并存储到字典train_data_dct中
train_data_dct={}
for d in digits:
    train_data_dct[d]=[]
for index,utt_data in utt_train.iterrows():
    train_data_dct[utt_data['label']].append(utt_data['feats'])
```

> **指点迷津**
>
> iterrows()方法可返回一个迭代器,每次迭代都会生成一个包含两个元素的元组,这两个元素分别为当前行的索引和当前行的数据。

步骤8 创建并训练每个数字对应的高斯模型。

【参考代码】

```
model={}                                    #初始化高斯模型字典
for digit in digits:
    model[digit]=dnnhmm.SingleGaussian()    #创建高斯模型
    data=train_data_dct[digit]
    model[digit].train(data)                #使用训练数据训练高斯模型
sg_model=model
```

步骤9 创建并训练每个数字对应的高斯隐马尔可夫模型。

【参考代码】

```
hmm_model={}                                #初始化高斯隐马尔可夫模型字典
i=0                                         #初始化迭代次数计数器
for digit in digits:
    hmm_model[digit]=dnnhmm.HMM(sg_model[digit],nstate=args.nstate)
                                            #创建每个数字对应的高斯隐马尔可夫模型
#迭代训练高斯隐马尔可夫模型
try:
    hmm_model=pickle.load(open(args.hmm_model_save,'rb'))
                                            #加载高斯隐马尔可夫模型
except:
    while i<args.niter:
        total_log_like=0.0                  #初始化总对数似然概率
        for digit in digits:
            data=train_data_dct[digit]
            hmm_model=hmm_model[digit].train(data,i)
                                            #训练每个数字的高斯隐马尔可夫模型
            for data_u in data:
                total_log_like+=hmm_model[digit].loglike(data_u)
                                            #计算每个数据的对数似然概率之和
```

```
                i+=1
    pickle.dump(hmm_model,open(args.hmm_model_save,'wb'))
                #将新训练的HMM模型使用pickle序列化并保存到指定文件中
```

📖 知识库

在Python中，"try-except"为异常捕获语句，其工作流程如下：先执行"try"语句块中的代码，如果"try"语句块中的语句引发了异常，则控制流将立即跳转并执行与之匹配的"except"语句块。

👆 高手点拨

对数似然是统计学中用于评估模型拟合数据程度的一种常用指标。计算对数似然函数值的目的是评估模型在给定数据下对特定数据的拟合程度。自定义模块 dnnhmm 的 HMM 类中定义的 loglike()方法，可用于计算对数似然概率的值。

步骤10 调用 dnnhmm 模块中的 MHtrain()函数，训练多层感知机模型，并使用该模型替换原高斯隐马尔可夫模型中的高斯部分，得到深度神经网络——隐马尔可夫模型，然后对该模型进行训练。

【参考代码】

```
#创建并训练MLP-HMM模型
model=dnnhmm.MHtrain(digits,train_data_dct,hmm_model,
uniq_state_dct,nunits=(64,64),lr=args.lr)
```

【运行结果】 程序运行结果（部分）如图 4-16 所示。可见，图中展示了模型训练过程中每次循环后的损失函数值和所得分数。

```
Iteration 114, loss = 0.83752116
Validation score: 0.575668
Iteration 115, loss = 0.86339683
Validation score: 0.584570
Iteration 116, loss = 0.79602675
Validation score: 0.572700
Iteration 117, loss = 0.84530932
Validation score: 0.575668
Iteration 118, loss = 0.86681578
Validation score: 0.590504
Iteration 119, loss = 0.88000198
Validation score: 0.548961
Iteration 120, loss = 0.82719643
Validation score: 0.575668
Iteration 121, loss = 0.84988901
Validation score: 0.575668
Iteration 122, loss = 0.80955937
Validation score: 0.587537
```

图 4-16 模型训练过程中的损失函数值和所得分数（部分）

4. 模型评估

步骤 1　使用 Pandas 读取测试数据。

步骤 2　定义变量 total_count 和 correct，分别表示总样本数量和预测正确的样本数量。

步骤 3　使用训练好的模型对每个样本进行预测，输出每个样本的预测结果和对数似然概率。

步骤 4　计算并输出模型的预测准确率。

模型评估

【参考代码】

```
#使用 Pandas 读取测试数据
utt_test=pd.read_pickle(args.test_feats)
total_count=0                    #初始化总样本数量
correct=0                        #初始化预测正确的样本数量
for index,utt_data in utt_test.iterrows():
    lls=[]                       #定义列表，用于存储每个数字对应的对数似然概率
    for digit in digits:
        ll=model[digit].loglike(utt_data['feats'],digit)
                                 #计算每个数字的对数似然概率
        lls.append(ll)           #将当前数字的对数似然概率添加到列表中
    #获得每个样本的预测结果和对数似然概率
    predict=digits[np.argmax(np.array(lls))]#获得样本的预测结果
    log_like=np.max(np.array(lls))        #获得样本的对数似然概率
    logging.info("predict %s for utt %s (log like=%f)",predict,
utt_data['label'],log_like)
                                 #将预测结果、语音标签及对数似然概率记录到日志中
    #计算模型的预测准确率
    if str(predict)==utt_data['label']:
        correct+=1
    total_count+=1
logging.info("准确率为：%f",float(correct)/total_count*100)
                                 #使用 logging 模块记录模型的预测准确率
```

【运行结果】　程序运行结果如图 4-17 所示，图中的运行结果是预测标签和真实标签的对比，以及每个数字预测标签的对数似然概率。

```
09:53:15 (1516025319:88) INFO:predict 0 for utt 0 (log like = 177.000658)
09:53:15 (1516025319:88) INFO:predict 1 for utt 1 (log like = -120.367988)
09:53:15 (1516025319:88) INFO:predict 10 for utt 10 (log like = 89.220632)
09:53:15 (1516025319:88) INFO:predict 2 for utt 2 (log like = 77.352497)
09:53:16 (1516025319:88) INFO:predict 3 for utt 3 (log like = 3.209903)
09:53:16 (1516025319:88) INFO:predict 4 for utt 4 (log like = 81.461324)
09:53:16 (1516025319:88) INFO:predict 5 for utt 5 (log like = -66.079606)
09:53:16 (1516025319:88) INFO:predict 6 for utt 6 (log like = -146.016081)
09:53:16 (1516025319:88) INFO:predict 7 for utt 7 (log like = 104.378582)
09:53:16 (1516025319:88) INFO:predict 8 for utt 8 (log like = 45.926827)
09:53:16 (1516025319:88) INFO:predict 9 for utt 9 (log like = -275.838185)
09:53:16 (1516025319:93) INFO:准确率为: 100.000000
```

图 4-17　模型预测与评估结果

项目实训

1．实训目的

（1）掌握深度神经网络—隐马尔可夫模型的基本原理。

（2）掌握使用深度神经网络—隐马尔可夫模型进行数字命令语音识别的方法。

2．实训内容

现有一个英文数字发音数据集（见本书配套素材"item4/english_digit"），共包含 1 500 个 WAV 文件。该数据集记录了数字 0～9 的英文发音，按 8∶2 划分训练集与测试集，故训练集有 1 200 条数据，测试集有 300 条数据。试使用深度神经网络—隐马尔可夫模型对该数据集进行训练，得到英文数字命令的语音识别模型。

（1）启动 Jupyter Notebook，以 Python 3 工作方式新建 Jupyter Notebook 文档，并重命名为"item4dr.ipynb"。

（2）数据准备。

① 导入本实训需要的模块和库并设置忽略警告。

② 定义语音文件的标签和路径的映射字典函数 search_speeches()。

（3）特征提取。

① 定义 extract_mfcc()函数，用于提取语音文件的 MFCC 特征。

② 定义 gen_data()函数，用于将提取到的 MFCC 特征保存到指定的 pkl 文件中。

③ 调用 gen_data()函数，提取训练集与测试集的特征，并将提取到的特征保存在"feat/sh_train_lib.pkl"和"feat/sh_test_lib.pkl"文件中。

（4）模型训练。

① 导入自定义模块 dnnhmm，使用 argparse 模块解析命令行参数并配置 logging 模块。要求：在添加命令行参数"--hmm_model_save"时，将其默认值设置为"hmmen.pickle"。

② 使用 Pandas 读取训练数据。

③ 定义 digits 列表，用于存储标签字符串。

④ 将数字和状态的所有可能组合映射为唯一的整数，并存入字典 uniq_state_dct 中。

⑤ 将训练数据按照标签（数字）进行分类，并存储到字典 train_data_dct 中。

⑥ 创建并训练每个数字对应的高斯模型。

⑦ 创建并训练每个数字对应的高斯隐马尔可夫模型。

⑧ 调用 dnnhmm 模块中的 MHtrain() 函数，创建并训练每个数字对应的深度神经网络—隐马尔可夫模型。

（5）模型评估。

① 使用 Pandas 读取测试数据。

② 定义两个变量，分别表示总样本数量和预测正确的样本数量。

③ 使用训练好的模型对每个样本进行预测，输出每个样本的预测结果和对数似然概率。

④ 计算并输出模型的预测准确率。

3. 实训小结

按要求完成实训内容，并将实训过程中遇到的问题和解决办法记录在表 4-1 中。

表 4-1 实训过程

序　号	主要问题	解决办法

语音识别技术及应用

项目总结

完成本项目的学习与实践后，请总结应掌握的重点内容，并将图4-18的空白处填写完整。

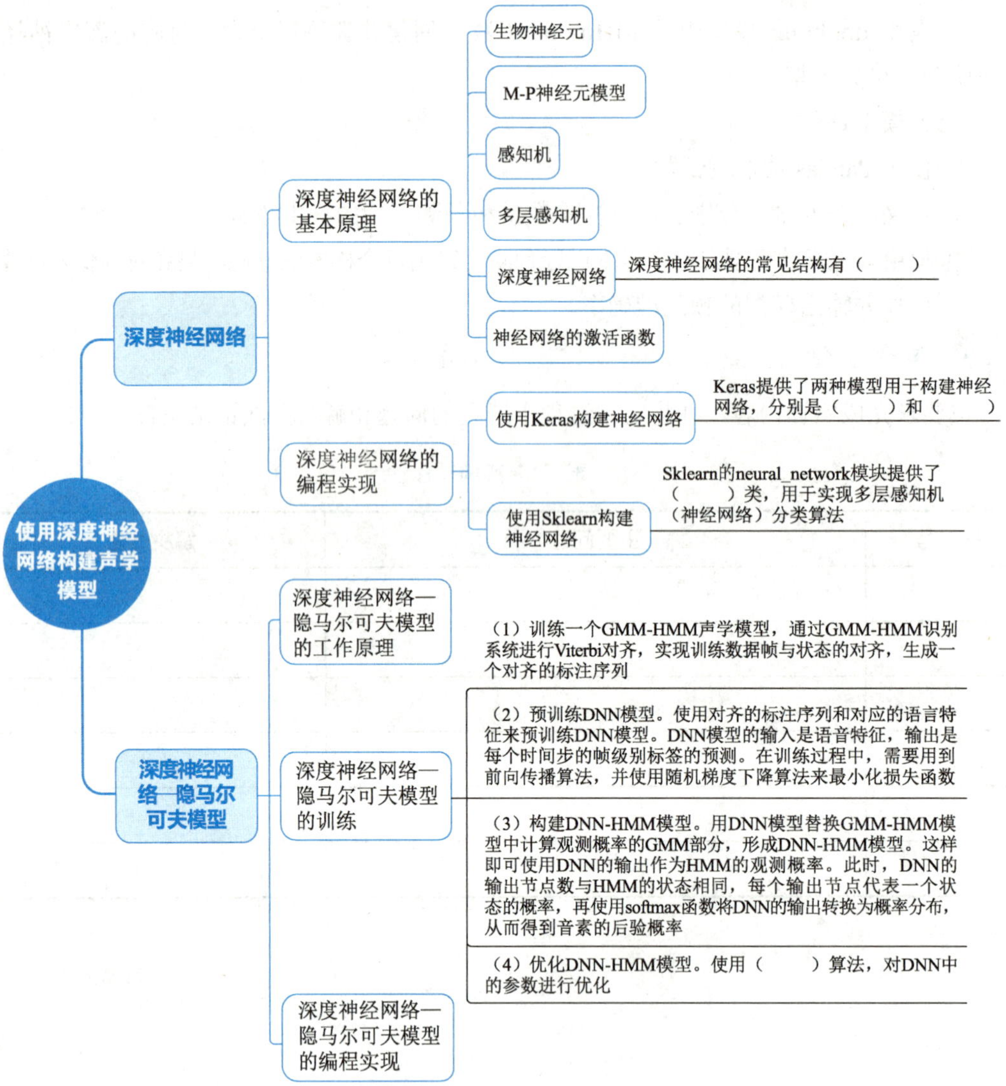

```
使用深度神经网络构建声学模型
├── 深度神经网络
│   ├── 深度神经网络的基本原理
│   │   ├── 生物神经元
│   │   ├── M-P神经元模型
│   │   ├── 感知机
│   │   ├── 多层感知机
│   │   ├── 深度神经网络 —— 深度神经网络的常见结构有（    ）
│   │   └── 神经网络的激活函数
│   └── 深度神经网络的编程实现
│       ├── 使用Keras构建神经网络 —— Keras提供了两种模型用于构建神经网络，分别是（    ）和（    ）
│       └── 使用Sklearn构建神经网络 —— Sklearn的neural_network模块提供了（    ）类，用于实现多层感知机（神经网络）分类算法
└── 深度神经网络——隐马尔可夫模型
    ├── 深度神经网络——隐马尔可夫模型的工作原理
    ├── 深度神经网络——隐马尔可夫模型的训练
    │   ├── （1）训练一个GMM-HMM声学模型，通过GMM-HMM识别系统进行Viterbi对齐，实现训练数据帧与状态的对齐，生成一个对齐的标注序列
    │   ├── （2）预训练DNN模型。使用对齐的标注序列和对应的语言特征来预训练DNN模型。DNN模型的输入是语音特征，输出是每个时间步的帧级别标签的预测。在训练过程中，需要用到前向传播算法，并使用随机梯度下降算法来最小化损失函数
    │   ├── （3）构建DNN-HMM模型。用DNN模型替换GMM-HMM模型中计算观测概率的GMM部分，形成DNN-HMM模型。这样即可使用DNN的输出作为HMM的观测概率。此时，DNN的输出节点数与HMM的状态相同，每个输出节点代表一个状态的概率，再使用softmax函数将DNN的输出转换为概率分布，从而得到音素的后验概率
    │   └── （4）优化DNN-HMM模型。使用（    ）算法，对DNN中的参数进行优化
    └── 深度神经网络——隐马尔可夫模型的编程实现
```

图4-18 项目总结

项目考核

1. 选择题

（1）在 M-P 神经元模型中，神经元接收其他神经元传输来的信号，当信号到达某个（　　）时，就会变成兴奋状态，产生对应的行为。

　　A．阈值　　　　　　　　　　　B．结果
　　C．颜色　　　　　　　　　　　D．单元

（2）下列（　　）不属于深度神经网络的网络结构。

　　A．输入层　　　　　　　　　　B．隐藏层
　　C．输出层　　　　　　　　　　D．应用层

（3）深度神经网络用于语音识别任务时，常用的损失函数是（　　）函数。

　　A．交叉熵损失　　　　　　　　B．均方误差
　　C．对数损失　　　　　　　　　D．感知损失

（4）在深度神经网络中，梯度下降的目标是（　　）。

　　A．最小化损失函数　　　　　　B．最大化模型的复杂度
　　C．最小化训练集数据　　　　　D．最小化模型的参数数量

（5）在 DNN-HMM 模型中，HMM 通常是通用架构，但 DNN 可使用不同的网络模型。下列选项中，不能作为 DNN 网络模型的是（　　）。

　　A．CNN　　　　　　　　　　　B．LSTM
　　C．TDNN　　　　　　　　　　D．DBSCAN

2. 填空题

（1）与 M-P 神经元模型需要人为确定参数不同，感知机能够通过_____自动确定参数。

（2）卷积神经网络主要包含卷积层、池化层和_____层。

（3）在 DNN-HMM 的训练过程中，需要先基于 GMM-HMM 系统，实现训练数据_____与状态的对齐。

3. 简答题

（1）激活函数的作用是什么？请列举常用的激活函数。

（2）简述神经网络反向传播算法的基本原理。

（3）简述深度神经网络—隐马尔可夫模型进行语音识别的工作原理。

语音识别技术及应用

项目评价

结合本项目的学习情况，完成项目评价并将评价结果填入表 4-2 中。

表 4-2 项目评价

评价项目	评价内容	评价分数			
		分值	自评	互评	师评
项目完成度评价（20%）	项目准备阶段，回答问题是否清晰准确，能够紧扣主题，没有明显错误	5 分			
	项目实施阶段，是否能够根据操作步骤完成本项目	5 分			
	项目实训阶段，是否能够出色完成实训内容	5 分			
	项目总结阶段，是否能够正确地将项目总结的空白信息补充完整	2 分			
	项目考核阶段，是否能够正确地完成考核题目	3 分			
知识评价（30%）	是否理解深度神经网络的基本原理	6 分			
	是否了解深度神经网络的常见结构	5 分			
	是否掌握构建深度神经网络相关函数的使用方法	6 分			
	是否理解深度神经网络—隐马尔可夫模型的工作原理	8 分			
	是否掌握深度神经网络—隐马尔可夫模型的训练流程	5 分			
技能评价（30%）	是否能够成功导入数字命令语音文件	10 分			
	是否能够编写程序，利用深度神经网络—隐马尔可夫模型进行数字命令的语音识别	20 分			
素养评价（20%）	是否遵守课堂纪律，上课精神是否饱满	5 分			
	是否具有自主学习意识，做好课前准备	5 分			
	是否善于思考，积极参与，勇于提出问题	5 分			
	是否具有团队合作精神，出色完成小组任务	5 分			
合计	综合分数_____自评(25%)+互评(25%)+师评(50%)	100 分			
	综合等级_____	指导老师签字_____			
综合评价	最突出的表现（创新或进步）： 还需改进的地方（不足或缺点）：				

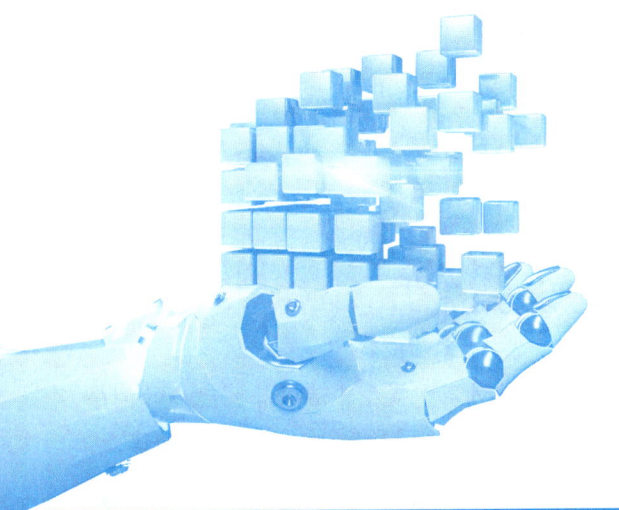

项目 5

训练语言模型

项目目标

知识目标

- 理解语言模型的基本概念。
- 理解 N-gram 语言模型的基本原理。
- 了解常用的平滑算法，包含拉普拉斯平滑、Good-Turing 平滑、Katz 平滑和 Kneser-Ney 平滑。
- 了解语言模型的评价指标。
- 掌握 N-gram 语言模型的编程实现方法。
- 理解循环神经网络语言模型的基本原理。
- 掌握循环神经网络语言模型的编程实现方法。

技能目标

- 能够编写程序，使用 N-gram 语言模型解决实际问题。
- 能够编写程序，使用循环神经网络训练语言模型。

素养目标

- 学习语言模型基础知识，加强对新技术的了解，培养勇于尝试的精神。
- 了解时代新科技，培养探索精神。

语音识别技术及应用

项目描述

语言模型是语音识别系统的重要组成部分，它能够对声学模型中音素序列对应的词序列进行规整，计算这些词组成句子的概率。例如，给定一段"厨房里食油用完了"的语音，有可能会输出"厨房里食油用完了"和"厨房里石油用完了"这两个读音完全相同的文本序列。如果语言模型判断出前者的概率大于后者的概率，则语音识别系统最终会输出"厨房里食油用完了"的文本序列。可见，语言模型能够计算某个句子的概率，评估某个句子是否合理。小旌也想训练一个这样的语言模型，于是，他开始尝试。

小旌了解到，语言模型是使用文本语料训练而成的，于是，他开始收集文本语料数据集。他收集到的数据集是中文歌词数据集 jaychou_lyrics（见本书配套素材"item5/jaychou_lyrics.txt"），该数据集包含十首专辑的歌词，共 6 万多个字符，以 TXT 文件格式存储，该文件共有 5 819 行，平均每行不到 20 个字符，部分数据如图 5-1 所示。

想这样没担忧 唱着歌 一直走
我想就这样牵着你的手不放开
爱可不可以简简单单没有伤害
你 靠着我的肩膀
你 在我胸口睡着
像这样的生活 我爱你 你爱我
我想大声宣布 对你依依不舍
连隔壁邻居都猜到我现在的感受
河边的风 在吹着头发飘动
牵着你的手 一阵莫名感动
我想带你 回我的外婆家
一起看着日落 一直到我们都睡着

图 5-1 中文歌词数据集（部分）

小旌决定使用该数据集训练一个歌词生成器，用于生成以某个词汇为前缀的歌词。由于该数据集的字符数较多，本次训练模型时，小旌只选取前 1 万个字符作为数据集训练模型，并使用该模型生成以"分开"和"不分开"为前缀的歌词序列。

项目分析

按照项目要求，构建歌词生成器的具体步骤分解如下。

第 1 步：数据准备。使用自定义函数 load_data_jay_lyrics() 读取中文歌词数据集，并对该数据集进行相应处理，然后定义函数 data_iter_consecutive() 和 to_onehot()，分别用于生成连续的小批量数据和 one-hot 向量，为后续训练模型做准备。

第 2 步：定义模型。定义 6 个函数，分别为 one()、get_params()、init_rnn_state()、rnn()、sgd() 和 predict_rnn()，这些函数能够实现循环神经网络语言模型的创建、训练与预测。

第 3 步：模型训练与预测。使用相关函数，创建循环神经网络语言模型，并对该模型进行迭代训练，在训练过程中同时生成以"分开"和"不分开"为前缀的歌词序列。

为实现歌词生成器的创建、训练与应用，本项目将对相关知识进行介绍，包含语言模型概述，N-gram 语言模型的基本原理，常用的平滑算法，语言模型的评价指标，循环神经网络语言模型的基本原理，以及 N-gram 语言模型和循环神经网络语言模型的编程实现。

项目准备

全班学生以 3~5 人为一组进行分组，各组选出组长，组长组织组员扫码观看"语言模型"视频，讨论并回答下列问题。

问题 1：通俗来讲，语言模型是什么？

语言模型

问题 2：语言模型的应用领域有哪些？

问题 3：语言模型可分为哪两类？

5.1 语言模型概述

语言模型是用于评估文本序列符合人类语言使用习惯程度的模型。它基于概率论和统计学原理，通过大量的文本数据训练而成，能够估计出给定上下文中下一个词的概率分布。这种概率分布的建模使得语言模型能够在文本生成、自动摘要、机器翻译等任务中发挥重要作用。

在语音识别系统中，通过声学模型能够将语音特征映射为音素序列，而音素序列相同的词可能有多个，那么，语音识别系统应该将这个音素序列识别为哪个词呢？这就需要语言模型对句子出现的概率进行计算。例如，给定一段"这个菜很香"的语音，识别出的音素序列"x iang1"对应的词可能是"香""相""乡"或者其他读音相同的词。那么，哪个词是正确的呢？此时就需要使用语言模型计算"这个菜很香""这个菜很相""这个菜很乡"等句子的概率。哪个句子的概率最高，语音识别系统就将这个句子作为最终的识别结果。

一般地，语言模型表示一个句子的概率可用如下方法。若给定一个长度为 i 的词序列 $w_1, w_2, \cdots, w_{i-1}, w_i$，该词序列组成一个句子 W，则该句子的概率可表示为

$$P(W) = P(w_1, w_2, \cdots, w_{i-1}, w_i)$$
$$= P(w_1)P(w_2|w_1)P(w_3|w_1,w_2)\cdots P(w_i|w_1,w_2,\cdots,w_{i-1})$$

其中，条件概率 $P(w_1)$，$P(w_2|w_1)$，$P(w_3|w_1,w_2)$，$\cdots$，$P(w_i|w_1,w_2,\cdots,w_{i-1})$ 就是语言模型的参数，计算出这些参数的值就可以得到句子的概率。通常，训练语言模型的算法主要有 N-gram 语言模型和循环神经网络语言模型。

N-gram 语言模型是基于统计方法的语言模型，它通过对大量的文本语料进行处理，获取给定词序列出现的概率分布，以描述词与词之间组合的可能性。循环神经网络语言模型直接对语言模型的条件概率进行建模，打破了 N-gram 语言模型只依赖于该词汇前面的有限个词汇进行计算的局限性。

5.2 N-gram 语言模型

5.2.1 N-gram 语言模型的基本原理

N-gram 语言模型是一种常见的统计语言建模方法，也是自然语言处理中一种基础的语言模型，它是通过文本中 N 个词出现的概率来推断语句结构的一种算法。

N-gram 语言模型中的"N"表示模型考虑的上下文的词语数量，需要根据具体任务和语料库的大小来选择，较大的 N 能够考虑更长的上下文信息，但也会增加模型的复杂度和参数数量，解码速度也会变慢。当 $N=1,2,3$ 时，相应的模型分别称为一元模型、二元模型和三元模型，下面通过一个具体的例子分别对这3个模型进行介绍。

假设给定分词后的句子语料库如下：

① "今天 想 去 健身"。
② "但 今天 是 阴天"。
③ "每天 都 可以 运动"。
④ "喝 蛋白粉 可以 长 肌肉"。
⑤ "想 喝 水"。

该语料库中有 5 个句子，共 20 个词。下面分别使用一元模型、二元模型和三元模型对句子的概率进行计算。

1. 一元模型

当 $N=1$ 时，该语言模型称为一元模型（unigram 模型）。此时每个词都相互独立，即每个词出现的概率都与前面的词无关。可见，一元模型没有引入"语境"，对句子的约束最小。一元模型中句子概率的计算方法为 $P(w_1, w_2, \cdots, w_N) = P(w_1)P(w_2)\cdots P(w_N)$。其中，每个词的概率的计算方法为"该词在语料库中出现的次数与语料库总词数的比值"。例如，使用一元模型计算句子"今天想喝蛋白粉"的概率，其计算过程如下。

$$P(今天,想,喝,蛋白粉) = P(今天)P(想)P(喝)P(蛋白粉) = \frac{2}{20} \times \frac{2}{20} \times \frac{2}{20} \times \frac{1}{20} = \frac{1}{20\,000}$$

2. 二元模型

当 $N=2$ 时，该语言模型称为二元模型（bigram 模型）。此时当前词出现的概率仅与前一个词有关，即一个词的出现仅依赖于它前面出现的一个词，与其他词无关，故二元模型中句子概率的计算方法为 $P(w_1, w_2, \cdots, w_N) = P(w_1)P(w_2|w_1)P(w_3|w_2)\cdots P(w_N|w_{N-1})$。例如，使用二元模型计算句子"今天想喝蛋白粉"的概率，其计算过程如下。

$$P(今天,想,喝,蛋白粉)$$
$$= P(今天)P(想|今天)P(喝|想)P(蛋白粉|喝)$$
$$= \frac{2}{20} \times \frac{1}{2} \times \frac{1}{2} \times \frac{1}{2} = \frac{1}{80}$$

> **高手点拨**
>
> $P(w_2|w_1)$ 的含义是计算在给定词是 w_1 的情况下，下一个词是 w_2 的概率，它的计算方法为 (w_1, w_2) 这个二元组在语料库中出现的次数，除以 w_1 在语料库中出现的次数。

3. 三元模型

当 $N=3$ 时，该语言模型称为三元模型（trigram 模型）。此时当前词出现的概率与前两个词有关，即一个词的出现仅依赖于它前面出现的两个词，与其他词无关，故三元模型中句子概率的计算方法为 $P(w_1, w_2, \cdots, w_N) = P(w_1)P(w_2|w_1)P(w_3|w_1,w_2)\cdots P(w_N|w_{N-1},w_{N-2})$。例如，使用三元模型计算句子"今天是阴天"的概率，其计算过程如下。

$$P(今天,是,阴天) = P(今天)P(是|今天)P(阴天|今天,是) = \frac{2}{20} \times \frac{1}{2} \times 1 = \frac{1}{20}$$

在 N-gram 语言模型中，每个词出现的概率仅依赖于它前面出现的 $N-1$ 个词，这降低了整个语言模型的复杂度。N 的值越大，区分性越好，但同时文本示例变少会导致可靠性下降，因此往往需要权衡区分性和可靠性。总体而言，三元模型通常是一个比较合适的选择，应用也较广泛。

5.2.2 平滑算法

语言模型的概率通常需要通过大量的文本语料来估计。在上述统计模型的参数估计过程中，经常会出现因为某些词语没有出现在语料库中而导致分子或分母为零的情况，这种情况称为数据稀疏。这时可通过平滑算法来解决此类问题。

概括而言，平滑算法主要有 3 种，分别为折扣法、回退法和插值法。折扣法是指从已有词的观测概率中调配一些给未出现词的观测概率，如 Good-Turing 折扣法、Witten-Bell 折扣法等；回退法是指利用低阶模型来近似估计未观测到的高阶模型，如 Katz 回退法；插值法是指将高阶模型和低阶模型进行线性组合，从而得到计算结果的一种算法，如 Kneser-Ney 插值法。

> **高手点拨**
>
> 低阶模型是指考虑较短上下文范围来预测句子概率的语言模型，如一元模型、二元模型等；高阶模型是指考虑更长上下文范围来预测句子概率的语言模型，它通常基于更多的历史信息来进行预测，因此能够更好地捕捉句子中词语之间的复杂关系，如三元模型、四元模型等。

现有的平滑算法可以看作是上述平滑算法中的一种或几种技术的组合。常用的数据平滑算法有拉普拉斯平滑、Good-Turing 平滑、Katz 平滑、Kneser-Ney 平滑等。

1. 拉普拉斯平滑

拉普拉斯平滑算法是最简单、最直观的一种数据平滑算法。该算法的核心思想是在计数中加上一个平滑项，这样语料库中没有出现过的词语的概率将不再是 0。拉普拉斯平滑的计算方法为"分子加 1，分母加语料库中所有不同词的数量（词汇表中词汇数量）"。故拉普拉斯平滑的数学表达式可表示为

$$P(w_i) = \frac{c_i + 1}{N + V}$$

其中，c_i 表示词 w_i 在语料库中出现的次数（包括零次），N 表示总样本数，V 表示语料库中所有不同词的数量。例如，5.2.1 所举例子中，语料库的总样本数 N 的值为 20，语料库中所有不同词的数量 V 的值为 16。

2. Good-Turing 平滑

Good-Turing 平滑算法是一种折扣法，它的基本思想是对于没有看见的事件，不能认为它发生的概率就是零，应该从概率的总量中分配一个很小的比例给这些没有看见的事件。此时，看得见的事件的概率总和将会小于 1。假设语料库的大小为 N，则在语料库中出现 1 次的词有 N_1 个，出现 C 次的词有 N_C 个，未出现的词的数量用 N_0 表示。使用

Good-Turing 平滑算法计算出现 C 次的词的概率时，一般要使用系数 C^* 代替 C，C^* 的计算公式为

$$C^* = \frac{(C+1)N_{C+1}}{N_C}$$

则语料库中出现 C 次的词的概率为

$$P_C = \frac{C^*}{N}$$

为方便理解上述公式，下面通过一个简单的例子进行介绍。假设训练集合 $T =$ {张三，喜欢，外出，旅行，李四，喜欢，外出，登山}，验证集合 $V =$ {王五，喜欢，外出，登山，不喜欢，旅行}。训练集合长度为 8，验证集合长度为 6。在训练集合中，出现两次的词有"喜欢"和"外出"，它们的概率均为 0.25，其余词都出现 1 次，它们的概率均为 0.125。若不使用平滑算法处理，那么验证集合中没有在训练集合中出现过的词语的概率将会是 0，如 $P($王五$) = 0$。下面利用 Good-Turing 平滑算法进行处理，计算 $P($王五$)$ 的概率。

（1）计算出现 C 次的词语数目。训练集合中出现两次的词有两个，出现 1 次的词有 4 个，出现 0 次的词有"王五"和"不喜欢"两个，故 $N_0 = 2$，$N_1 = 4$，$N_2 = 2$，出现次数大于 2 的词语为 0。

（2）利用 Good-Turing 平滑算法进行平滑，重新计算概率值。

① $C = 0$ 的事件概率为

$$P_0 = (0+1) \times \frac{N_{0+1}}{8 \times N_0} = 0.25$$

② $C = 1$ 的事件概率为

$$P_1 = (1+1) \times \frac{N_{1+1}}{8 \times N_1} = 0.125$$

③ $C = 2$ 的事件概率为

$$P_2 = (2+1) \times \frac{N_{2+1}}{8 \times N_2} = 0$$

P_2 的值为 0，则保持原始的概率值 0.25 不变，故此时语料库中所有词语的概率和为 $2 \times P_0 + 4 \times P_1 + 2 \times P_2 = 1.5$。

（3）归一化处理。分别用 P_0、P_1 和 P_2 除以 1.5，得到归一化后的概率分布。

① 出现 0 次的词语概率为

$$P_0 = \frac{0.25}{1.5} \approx 0.167$$

② 出现 1 次的词语概率为

$$P_1 = \frac{0.125}{1.5} \approx 0.083$$

③ 出现 2 次的词语概率为

$$P_2 = \frac{0.25}{1.5} \approx 0.167$$

此时，语料库中所有词语的概率之和为 $2 \times P_0 + 4 \times P_1 + 2 \times P_2 = 1$，归一化处理完成。故词语"王五"的概率即为语料库中出现 0 次的词语的概率 0.167。

经过 Good-Turing 平滑算法后，语料库中没有出现的词语的概率不再是 0，这样就解决了零概率的问题。但由于 Good-Turing 平滑算法没有考虑高阶模型与低阶模型之间的关系，所以一般不单独使用，而是作为其他平滑技术的一种配套方法。

3. Katz 平滑

Katz 平滑算法在 Good-Turing 折扣法的基础上做了如下改进：① 对频次较高的词采用原始的估计方法；② 对频次较低且非零的词采用 Good-Turing 算法进行打折；③ 对零频次的词则回退到(N-1)-gram 模型。引入回退法的作用是将折扣后省下来的概率量，按照低一阶模型的概率分布分配给零概率的词，这比 Good-Turing 算法中的平均分配更加合理。

4. Kneser-Ney 平滑

Kneser-Ney 平滑算法相当于前面几种算法的综合，是在绝对折扣法的基础上提出的一种新的、更复杂的算法。高阶分布的计数值很小或为零时，低阶分布在混合模型中的影响很大，Kneser-Ney 平滑算法试图提出一种更优的低阶分布估计方法。

Kneser-Ney 算法指出，使用的低阶模型的概率不应与其词频数成正比，而应与其能组成的不同词组的种类数成正比。这里的假设是，如果某个词所形成的不同词组的数量越丰富，则说明它更有可能与另一个词组成新的词组。例如，若在某个语料库中，"杯子"出现的频次比"茶"出现的频次高，则在二元模型中就会出现"喝杯子"比"喝茶"概率高的奇怪现象。针对这个问题，Kneser-Ney 算法提出了改进方案，即在计算概率时，不再计算某个词单独出现的概率，而是计算其与其他词组合的概率。

5.2.3 语言模型的评价指标

语言模型的评价指标主要有困惑度（复杂度）和双语互译质量评估辅助工具。

1. 困惑度

困惑度是一种常见的评测语言模型性能的度量指标，它刻画的是语言模型预测一个语言样本的能力，其数学表达式如下：

$$\text{PPL}(W) = P(w_1, w_2, \cdots, w_T)^{-\frac{1}{T}} = \sqrt[T]{\frac{1}{P(w_1, w_2, \cdots, w_T)}} = \sqrt[T]{\prod_{i=1}^{T} \frac{1}{P(w_i \mid w_1, \cdots, w_{i-1})}}$$

其中，$\text{PPL}(W)$ 表示语言模型的困惑度，$w_1, w_2, \cdots, w_T$ 表示句子 W 中的词序列，T 表示句子长度。从公式中可以看到，词序列的概率越高，困惑度的值越小，句子 W 出现的概率越大，表明语言模型的建模效果越好。在实际应用中，如果测试集中有 n 个句子，则只需要计算出这 n 个句子的困惑度，然后将这 n 个困惑度累加再求平均值，即可得到语言模型的最终困惑度。

2. 双语互译质量评估辅助工具

双语互译质量评估辅助工具即双语替换评测（bilingual evaluation understudy, BLEU），主要用于机器翻译领域，可以对模型生成的句子与实际句子之间的差别进行评估，其计算方法为：将机器翻译的句子与其相对应的几个参考翻译作比较，算出一个综合分数，这个分数越高，说明机器翻译得越好。

BLEU 指标偏向于较短的翻译结果，短译句的测评精度较高，但该指标没有考虑同义词或相似表达的情况，可能会导致合理翻译被否定。该指标通常结合其他评价指标来全面评估翻译质量。

5.2.4 N-gram 语言模型的编程实现

N-gram 语言模型是大词汇连续语音识别中常用的一种语言模型，它的目标是评估词序列的概率。在给定一系列词语的情况下，可估算出下一个词语出现的概率。自然语言工具包 NLTK 中的 bigrams()、trigrams() 和 ngrams() 函数能分别实现二元模型、三元模型和 N 元模型，其导入方法如下。

```
from nltk.util import bigrams                #导入二元模型
from nltk.util import trigrams               #导入三元模型
from nltk.util import ngrams                 #导入 N 元模型
```

【例 5-1】 现有一个句子"这是一个例句。这个句子只是一个例子。"要求：首先使用 jieba 库进行分词，然后使用一元模型计算词语"一个"出现的词概率，最后使用二元模型计算词语"一个|只是"出现的词概率。

高手点拨

jieba 库是一个流行的中文文本分词工具，用于将中文文本切分成词语。它是一个开源的分词工具，采用基于前缀词典的分词算法，能够高效地处理中文文本。jieba 库在使用之前需要安装，安装步骤如下。

（1）在"运行"窗口中输入命令"cmd"，然后单击"确定"按钮。

（2）在弹出的窗口中输入命令"pip install jieba"，按"Enter"键即可自动安装"结巴分词"库。

【程序分析】 利用 jieba 库对句子进行分词，再分别对分词后的列表构建一元模型和二元模型，并输出相应词概率的具体实现步骤如下。

（1）使用jieba库对句子进行分词。

【参考代码】

```
import jieba                          #导入jieba库
import nltk                           #导入NLTK库
from nltk import FreqDist             #导入NLTK库中的FreqDist类
from nltk.util import ngrams          #导入NLTK库中的ngrams模型
sentence="这是一个例句，这个句子只是一个例子。"
tokens=list(jieba.cut(sentence))      #使用jieba库进行分词
tokens_without_punctuations=[word for word in tokens if word.isalnum()]
                                      #去除词语中的标点符号
print(' '.join(tokens_without_punctuations))
                                      #输出处理后的词语列表，以空格分隔
```

【运行结果】　程序运行结果如图5-2所示。

这是 一个 例句 这个 句子 只是 一个 例子

图5-2　句子分词后的结果

【程序说明】　① jieba.cut()函数用于对中文文本进行分词，即将文本切分为词语序列；② list()函数用于将分词后的词语序列转换为一个Python列表；③ isalnum()函数用于检查字符串中的每个字符是否是字母或数字，如果是，则返回True，否则返回False；④ ' '.join(tokens_without_punctuations)的含义是使用join方法将列表tokens_without_punctuations中的元素连接成一个字符串，每个元素之间用空格分隔。

（2）构建一元模型并计算词语"一个"出现的词概率。

【参考代码】

```
n=1                                   #设置n元模型中n的值为1，表示生成一元模型
unigrams=list(ngrams(tokens_without_punctuations,n))
                                      #使用NLTK的ngrams()函数生成一元模型
freq_dist=FreqDist(unigrams)
                                      #使用FreqDist()函数计算一元模型的频率分布
word='一个'                           #指定要计算概率的词语
probability=freq_dist.freq((word,))
                                      #计算特定词语在频率分布中的概率
print(f"词'{word}'在句中出现的概率为{probability}")
                                      #输出计算得到的概率信息
```

【运行结果】 程序运行结果如图 5-3 所示。

> 词'一个'在句中出现的概率为0.25

图 5-3　一元模型中词语"一个"出现的词概率

【程序说明】 freq_dist.freq(item)用于获取给定项目（item）在频率分布对象中的概率。其中，freq_dist 是一个 FreqDist 对象，而 item 是要计算概率的具体项目。

（3）构建二元模型并计算词语"一个|只是"出现的词概率。

【参考代码】

```
n=2                      #设置 n 元模型中 n 的值为 2，表示生成二元模型
bigrams=list(ngrams(tokens_without_punctuations,n))
                         #使用 NLTK 的 ngrams()函数生成二元模型
freq_dist=FreqDist(bigrams)    #计算二元模型的频率分布
#计算某个词在二元模型中的概率
word='一个'
previous_word='只是'      #指定前一个词
probability=freq_dist.freq((previous_word,word))
                         #计算特定词语在频率分布中的概率
print(f"'{previous_word}'后面是'{word}'的概率为{probability}")
                         #输出计算得到的概率信息
```

【运行结果】 程序运行结果如图 5-4 所示。

> '只是'后面是'一个'的概率为0.14285714285714285

图 5-4　二元模型中词语"一个|只是"出现的词概率

素养之窗

全国人机语音通讯学术会议是国内语音领域专家、学者和科研工作者交流最新研究成果，促进该领域研究和开发工作不断进步的重要会议。该系列会议自 1990 年开创以来已成功召开了十八届。

全国人机语音通讯学术会议是我国人机语音通讯领域的权威性会议之一，会议一般会邀请国内外著名学者进行大会报告和教程报告，还会举行青年学者论坛、学生论坛、企业论坛等活动。该会议为国内语音领域专家、学者和科研工作者交流最新研究成果提供了良好平台，对于促进该领域研究工作的不断发展发挥了重要作用。

5.3 循环神经网络语言模型

在神经网络被成功应用于语言模型之前,主流的语言模型为 N-gram 语言模型,N-gram 语言模型存在严重的数据稀疏问题。虽然引入了平滑技术,但数据稀疏问题仍不能得到有效解决,且 N-gram 语言模型一般只能对前 3~5 个词进行建模,存在一定的局限性。而神经网络语言模型能够对任意长度的句子进行建模,并且能够有效解决数据稀疏问题,故其广泛应用于语言模型的建模,但神经网络语言模型的计算复杂度远高于 N-gram 语言模型。

5.3.1 循环神经网络的基本原理

循环神经网络包含输入层、隐藏层和输出层,但其隐藏层的神经元不仅可以接收其他神经元的信息,还可以接收自身的信息,形成具有环路的网络结构。这里以简单循环神经网络为例,对循环神经网络的基本原理进行介绍。

简单循环神经网络(simple recurrent network,SRN)是一种最简单的循环神经网络,它只有一个隐藏层,这个隐藏层也称为简单循环层。在简单循环神经网络中,不仅将输入数据乘以对应的权重,加上偏置,交由神经元使用激活函数激活输出,还将接收和处理上一时间步的输出。

展开隐藏层,可以看到简单循环神经网络的结构,如图 5-5 所示。其中,x_t 表示在 t 时刻输入层的输入,y_t 表示在 t 时刻输出层的输出,h_t 表示在 t 时刻隐藏层的输出,U 为隐藏层的权重,V 为输出层的权重,W 为相邻时间步隐藏层单元间的权重。

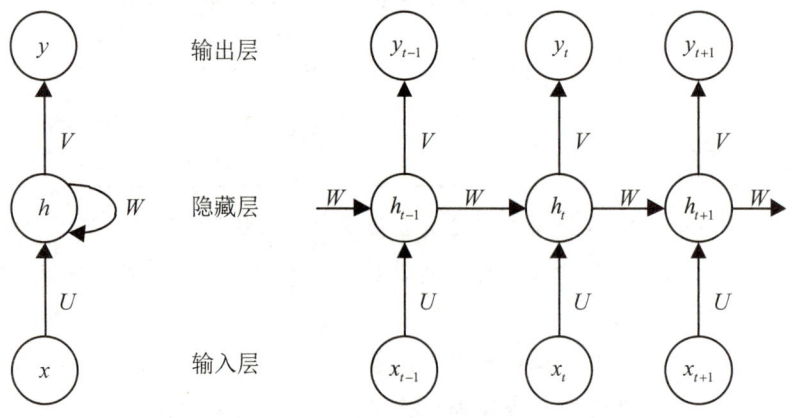

图 5-5 简单循环神经网络结构的展开

在 t 时刻,隐藏层的输入除了来自输入层的输入数据 x_t 之外,还有来自上一时间步 $t-1$ 的隐藏层的输出 h_{t-1}。因此,t 时刻隐藏层的输出 h_t 可表示为 $h_t = f(x_t U + h_{t-1} W + bh)$,其中,

$f()$ 为激活函数，bh 为隐藏层的偏置；t 时刻输出层的输出 y_t 可表示为 $y_t = g(h_t V + by)$，其中，$g()$ 为激活函数，by 为输出层的偏置。

5.3.2 循环神经网络语言模型的基本原理

循环神经网络主要用于处理时序问题，而自然语言（文本）数据可看作是一种特殊的时间序列数据，故使用循环神经网络进行语言建模会获得更好的性能。循环神经网络语言模型的一般结构如图 5-6 所示。

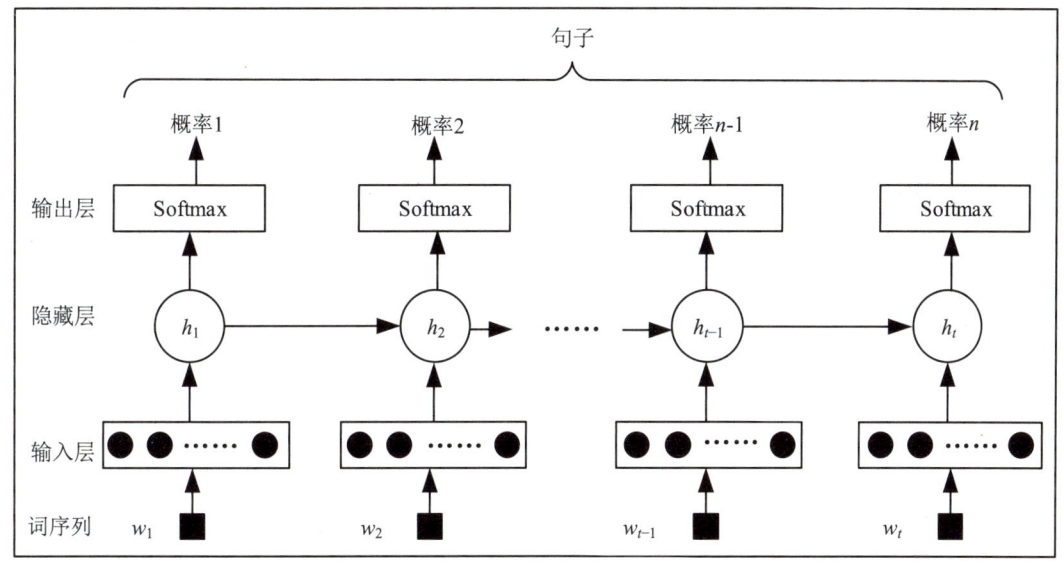

图 5-6　循环神经网络语言模型的一般结构

从图 5-6 中可以看出，循环神经网络对语言模型的建模过程如下。

（1）将语料库词典中的每个词分别映射为一个 one-hot 向量，每个 one-hot 向量作为循环神经网络语言模型输入层的一个节点，故循环神经网络语言模型的输入层是每个词的向量表示。

> **指点迷津**
>
> one-hot 向量的生成方法：假设词典中有 N 个词，每个词都对应一个长度为 N 的向量，这个向量中只有某个词对应位置上的元素的值为 1，其余元素的值为 0。例如，假设词典中包含"北京""天津""长江"……"黄河"等词，则词"北京"的 one-hot 向量可表示为 $\{1,0,0,0,\cdots,0,0\}$，词"天津"的 one-hot 向量可表示为 $\{0,1,0,0,\cdots,0,0\}$。

（2）循环神经网络语言模型隐藏层的输出 h_t 由当前词的输入 w_t 和上一个时刻的输出 h_{t-1} 联合得到，即

$$h_t = f(Uw_t + Wh_{t-1})$$

其中，U 和 W 为权重矩阵，$f()$ 为激活函数。可见，循环神经网络语言模型的隐藏层能够对任意长度的句子进行建模，打破了 N-gram 语言模型一般只能对前 3～5 个词进行建模的局限性。

（3）循环神经网络语言模型的输出层也是一个向量，向量的每个元素与词典中的每个词一一对应，故输出层的每个元素相当于一个词概率。循环神经网络语言模型输出层的输出值 y_t 的计算公式为

$$y_t = g(Vh_t)$$

其中，V 为权重矩阵，$g()$ 为激活函数。这里的激活函数通常使用 Softmax 函数，Softmax 函数能够将输出层向量的所有元素规整为总和为 1 的概率分布。

循环神经网络语言模型相对于 N-gram 语言模型有更强大的预测能力，但由于循环神经网络语言模型的输入和输出向量的维度就是词典的大小，而词典动辄就是十几万条，因此每个词都被表示成高维、稀疏的向量，会导致循环神经网络语言模型的参数众多，从而带来了庞大的计算量，使得该模型在处理大量数据时，速度变得异常缓慢，这极大地限制了循环神经网络语言模型的使用。

为了降低循环神经网络语言模型的运算复杂度，一种有效的办法是对词进行分类，如可将词分为名词、动词、数量词等，然后按类别训练语言模型，这样可大大加快概率的计算速度，也可有效避免训练数据的稀疏性。

5.3.3　循环神经网络语言模型的编程实现

Keras 的顺序模型中预制了简单循环层，可通过在顺序模型中添加简单循环层来构建简单的循环神经网络语言模型。创建简单循环层的函数为 tf.keras.layers.SimpleRNN()，其语法格式如下。

```
tf.keras.layers.SimpleRNN(units,activation='tanh',use_bias=
True,return_sequences=False,return_state=False,go_backwards=False,
stateful=False,unroll=False)
```

其中，units 表示输出空间的维度；activation 表示要使用的激活函数，默认为 Tanh 函数；use_bias 表示隐藏层是否使用偏置向量，默认为 True；return_sequences 表示是否返回输出序列中的最后一个输出，默认为 False；return_state 表示是否返回最后一个状态，默认为 False；go_backwards 表示是否反向处理输入序列并返回反向序列，默认为 False；stateful 表示批次中索引为 i 的每个样本的最后状态是否将用作下一批次中索引为 i 的样本的初始状态，默认为 False；unroll 表示是否将网络展开，默认为 False。

【例 5-2】 现有文本"hello world",试使用该文本创建一个数据集,然后使用该数据集训练一个循环神经网络语言模型,并显示该模型的参数信息。提示:数据集中的字符串列表为['hel', 'ell', 'llo', 'lo ', 'o w', ' wo', 'wor', 'orl'],每个字符串对应的标签为该字符串的下一个字符,即['l', 'o', ' ', 'w', 'o', 'r', 'l', 'd']。

【程序分析】 使用文本"hello world"创建数据集,然后训练循环神经网络语言模型,并显示该模型的参数信息的实现步骤如下。

(1)创建训练数据集。

【参考代码】

```
import numpy as np                  #导入NumPy库
import tensorflow as tf             #导入深度学习框架TensorFlow
text="hello world"                  #准备文本数据
chars=sorted(list(set(text)))       #获取文本中所有的不重复字符并排序
char_indices={char: i for i,char in enumerate(chars)}
                                    #创建字符到索引的映射
indices_char={i: char for i,char in enumerate(chars)}
                                    #创建索引到字符的映射
#创建训练数据
maxlen=3                            #定义每个训练样本的长度
step=1                              #定义每次移动的步长
sentences=[]                        #用于存储训练样本字符串
next_chars=[]                       #用于存储训练样本对应的标签字符
for i in range(0,len(text)-maxlen, step):
    sentences.append(text[i:i+maxlen])
                                    #将长度为maxlen的子串添加到训练样本
    next_chars.append(text[i+maxlen])
                                    #将训练样本对应的标签字符添加到目标列表
print(sentences)                    #输出训练样本
print(next_chars)                   #输出标签字符
```

【运行结果】 程序运行结果如图5-7所示。

```
['hel', 'ell', 'llo', 'lo ', 'o w', ' wo', 'wor', 'orl']
['l', 'o', ' ', 'w', 'o', 'r', 'l', 'd']
```

图5-7 训练数据集

【程序说明】 set()函数用于创建一个无序不重复的元素集合;sorted()函数用于对序列进行排序。

（2）向量化训练数据。

【参考代码】

```
#初始化训练数据的输入矩阵和标签矩阵
X=np.zeros((len(sentences),maxlen,len(chars)))
y=np.zeros((len(sentences), len(chars)))
for i,sentence in enumerate(sentences):
    for t,char in enumerate(sentence):
        X[i,t,char_indices[char]]=1    #将输入字符的对应位置设置为1
    y[i,char_indices[next_chars[i]]]=1
                                       #将标签字符的对应位置设置为1
print("输入矩阵\n",X)
print("标签矩阵\n",y)
```

【运行结果】 程序运行结果如图5-8所示。

```
输入矩阵                              标签矩阵
[[[0. 0. 0. 1. 0. 0. 0. 0.]          [[0. 0. 0. 0. 1. 0. 0. 0.]
  [0. 0. 1. 0. 0. 0. 0. 0.]           [0. 0. 0. 0. 0. 1. 0. 0.]
  [0. 0. 0. 0. 1. 0. 0. 0.]]          [1. 0. 0. 0. 0. 0. 0. 0.]
 [[0. 0. 1. 0. 0. 0. 0. 0.]           [0. 0. 0. 0. 0. 0. 0. 1.]
  [0. 0. 0. 0. 1. 0. 0. 0.]           [0. 0. 0. 0. 0. 1. 0. 0.]
  [0. 0. 0. 0. 1. 0. 0. 0.]]          [0. 0. 0. 0. 0. 0. 1. 0.]
       ……                             [0. 0. 0. 1. 0. 0. 0. 0.]
 [[0. 0. 0. 0. 0. 1. 0. 0.]           [0. 1. 0. 0. 0. 0. 0. 0.]]
  [0. 0. 0. 0. 0. 0. 1. 0.]
  [0. 0. 0. 1. 0. 0. 0. 0.]]]
```

图5-8 训练数据的向量化表示

（3）构建循环神经网络语言模型，并进行编译和训练。

【参考代码】

```
model=tf.keras.models.Sequential([
    tf.keras.layers.SimpleRNN(128,input_shape=(maxlen,
len(chars))),                    #添加SimpleRNN层
    tf.keras.layers.Dense(len(chars),activation='softmax')
])                                #添加全连接层并使用Softmax激活函数
model.compile(loss='categorical_crossentropy',
optimizer='adam')                 #编译模型
model.fit(X,y,batch_size=1,epochs=100)   #训练模型
model.summary()                   #显示模型的参数信息
```

【运行结果】 程序运行结果如图 5-9 和图 5-10 所示。其中，图 5-9 是模型训练过程中的部分数据，图 5-10 是模型的参数信息。从图 5-10 中可以看出，该模型的简单循环层有 17 536 个可训练参数，输出层有 1 032 个可训练参数。

```
8/8 [==============================] - 0s 1ms/step - loss: 0.0025
Epoch 97/100
8/8 [==============================] - 0s 1ms/step - loss: 0.0024
Epoch 98/100
8/8 [==============================] - 0s 1ms/step - loss: 0.0024
Epoch 99/100
8/8 [==============================] - 0s 1ms/step - loss: 0.0023
Epoch 100/100
8/8 [==============================] - 0s 1ms/step - loss: 0.0023
```

图 5-9 模型训练过程中的数据（部分）

```
Model: "sequential_1"

Layer (type)              Output Shape        Param #

simple_rnn_1 (SimpleRNN)  (None, 128)         17536

dense_1 (Dense)           (None, 8)           1032

Total params: 18568 (72.53 KB)
Trainable params: 18568 (72.53 KB)
Non-trainable params: 0 (0.00 Byte)
```

图 5-10 模型的参数信息

项目实施——使用循环神经网络构建歌词生成器

1. 数据准备

步骤 1 导入深度学习框架 TensorFlow 和 time 库。
步骤 2 定义 load_data_jay_lyrics()函数，用于读取中文歌词数据。
步骤 3 使用 load_data_jay_lyrics()函数加载中文歌词数据。
步骤 4 使用 one-hot 向量的编码形式将字符表示成向量，并输出索引为 0 和 2 的 one-hot 向量。

数据准备

指点迷津

开始编写程序前，须将本书配套素材"item5/jaychou_lyrics.txt"文件复制到当前工作目录中，也可将其放于其他盘，如果放于其他盘，读取数据文件时要指定相应路径。

【参考代码】

```
import tensorflow as tf        #导入深度学习框架TensorFlow
import time                    #导入time库
#定义读取中文歌词数据的函数
def load_data_jay_lyrics():
    with open('jaychou_lyrics.txt',"r", encoding='utf-8') as f:
        corpus_chars=f.read()           #读取文件
    corpus_chars=corpus_chars.replace('\n',' ').replace('\r',' ')
                        #将换行符和回车符替换为空格
    corpus_chars=corpus_chars[0:10000]
                        #获取前10 000个字符作为本项目的数据集
    idx_to_char=list(set(corpus_chars))
            #获取前10 000个字符中所有的不重复字符（字符集）并转换为列表
    vocab_size=len(idx_to_char)    #获取字符集的长度，即词汇表大小
    char_to_idx=dict([(char,i) for i,char in enumerate(idx_to_char)])
            #创建从字符到索引的映射字典，为每个不重复字符编号
    corpus_indices=[char_to_idx[char] for char in corpus_chars]
    #根据char_to_idx的值，获取数据集（10 000个字符）中每个字符的编号
    return idx_to_char,vocab_size,char_to_idx,corpus_indices
idx_to_char,vocab_size,char_to_idx,corpus_indices=load_data_jay_lyrics()  #调用函数，读取中文歌词数据并获取相关变量的值
print("词汇表大小为: ",vocab_size)
print("词汇表及其编号: ",char_to_idx)
print("数据集字符编号: ",corpus_indices)
```

【运行结果】 程序运行结果如图5-11所示。可见，数据集前10 000个字符中，不重复字符的个数（词汇表大小）为1 027个，第一个字符和第八个字符的编号相同，两个字符在词汇表中表示同一个文字，即词汇表中编号为549的文字"想"。

```
词汇表大小为： 1027
词汇表及其编号： {'征': 0, '篇': 1, …… ,'想': 549, ……,'茶': 1026}
数据集字符编号： [549, 587, 963, 96, 790, 12, 491, 549, ……, 555]
```

图5-11 数据集处理结果

步骤5 定义data_iter_consecutive()函数，用于从歌词数据中生成连续小批量的数据，为后续模型的训练做准备。

【参考代码】

```
#定义data_iter_consecutive()函数,用于生成连续小批量的数据
def data_iter_consecutive(corpus_indices,batch_size,num_steps):
    '''
    参数corpus_indices表示训练数据
    参数batch_size表示每个小批量数据中的样本个数
    参数num_steps表示每批数据中包含的小批量数据的个数
    '''
    corpus_indices=tf.constant(corpus_indices)
                            #将数据转换为TensorFlow常量
    data_len=len(corpus_indices)   #获取数据集的总长度
    batch_len=data_len//batch_size
                            #计算可以形成的完整小批量数据的个数
    indices=tf.reshape(corpus_indices[0:batch_size*batch_len],
shape=(batch_size,batch_len))
    #将数据集重新整理成一个二维数组,每行代表一个批次,每列代表一个小批量数据
    epoch_size=(batch_len-1)//num_steps
                            #计算可以形成的批量数据的个数
    #循环生成每一批数据
    for i in range(epoch_size):
        i=i*num_steps           #计算当前批数据在数据集中的起始位置
        X=indices[:,i:i+num_steps]       #获取当前批数据的输入数据
        Y=indices[:,i+1:i+num_steps+1]   #获取当前批数据的标签数据
        yield X,Y               #返回当前批数据的输入数据和标签数据
```

高手点拨

在自定义函数中,关键字 yield 类似于 return,用于指定函数的返回值。与 return 不同的是,yield 不仅能够返回函数值,还能够记住这个返回值的位置,下次迭代时会从这个位置开始执行。另外,yield 进行下一次迭代时,会从上一次迭代时遇到的 yield 关键字后面的代码开始执行。

步骤6 定义 to_onehot() 函数,用于将输入数据转换为 one-hot 向量。

【参考代码】

```
#定义to_onehot()函数,用于将数据转换为one-hot向量
def to_onehot(X,size):
                #size参数表示one-hot向量的维度(词汇表大小)
```

```
return [tf.one_hot(x,size) for x in tf.transpose(X)]
                                #对输入数据进行one-hot向量转换
```

指点迷津

tf.transpose()函数可用于对数组的维度进行转置操作,即它可以改变数组中数据的维度顺序。例如,若有一个形状为(2, 3, 4)的数组a,通过语句"tf.transpose(a)"可将其维度转置为(4, 3, 2),即将数组的所有维度进行反转。

2. 定义模型

步骤1 定义_one()函数,用于对模型的参数进行初始化。
步骤2 定义get_params()函数,用于获取神经网络模型的参数。

定义模型

【参考代码】

```
#定义初始化模型参数的函数_one()
def _one(shape):
    return tf.Variable(tf.random.normal(stddev=0.01,shape=shape))
#定义get_params()函数,用于获取神经网络的参数
def get_params():
    #初始化隐藏层参数
    W_xh=_one((num_inputs,num_hiddens))
                                #初始化输入层和隐藏层之间的权重
    W_hh=_one((num_hiddens,num_hiddens))
                                #初始化隐藏层和隐藏层之间的权重
    b_h=tf.Variable(tf.zeros(num_hiddens))    #初始化隐藏层偏置
    #初始化输出层参数
    W_hq=_one((num_hiddens,num_outputs))
                                #初始化隐藏层和输出层之间的权重
    b_q=tf.Variable(tf.zeros(num_outputs))    #初始化输出层偏置
    params=[W_xh,W_hh,b_h,W_hq,b_q]        #将所有参数存储于列表中
    return params
```

指点迷津

(1) tf.random.normal()函数用于从服从指定高斯分布的数值中取出指定个数的值。

(2) tf.Variable(initial_value)函数用于生成一个初始值为initial_value的变量,该函数必须指定初始值。

步骤3 定义init_rnn_state()函数,用于初始化循环神经网络的状态。

步骤4 定义rnn()函数，完成循环神经网络每个时间步的计算。

【参考代码】

```
#定义init_rnn_state()函数，用于初始化循环神经网络的状态
def init_rnn_state(batch_size,num_hiddens):
    return (tf.zeros(shape=(batch_size,num_hiddens)),)
                    #返回一个全零张量作为循环神经网络的初始隐藏状态
#定义rnn()函数，完成循环神经网络每个时间步的计算
def rnn(inputs,state,params):
    W_xh,W_hh,b_h,W_hq,b_q=params    #从参数中获取权重和偏置
    H,=state                         #获取当前的隐藏状态
    #进行RNN前向传播
    outputs=[]                       #存储RNN的输出结果
    for X in inputs:
        H=tf.tanh(tf.matmul(X,W_xh)+tf.matmul(H,W_hh)+b_h)
                                     #计算当前时间步的隐藏状态
        Y=tf.matmul(H,W_hq)+b_q      #计算当前时间步的输出
        outputs.append(Y)            #将当前时间步的输出添加到输出列表中
    return outputs,(H,)
```

指点迷津

tf.matmul()函数用于执行矩阵乘法运算。它接受两个张量（Tensor）作为输入，并返回它们的矩阵乘积。这个函数在神经网络、线性代数和许多其他计算任务中都非常有用。

步骤5 定义带有梯度裁剪的随机梯度下降优化函数sgd()，用于更新模型参数。

高手点拨

在训练神经网络模型时，梯度裁剪是一种防止梯度爆炸的常用技术。当梯度的参数超过某个阈值时，通过梯度裁剪可确保模型训练的稳定性。

【参考代码】

```
#定义随机梯度下降优化函数
def sgd(params,l,t,lr,batch_size,theta):
    '''
    参数l表示损失函数
    参数t表示TensorFlow的GradientTape对象，用于自动微分
    参数lr表示学习率，用于控制参数更新的步长
```

```
        参数theta表示梯度裁剪的阈值
        '''
        norm=tf.constant([0],dtype=tf.float32)    #初始化梯度的参数为0
        for param in params:
            dl_dp=t.gradient(l,param)    #计算损失函数关于当前参数的梯度
            norm+=tf.reduce_sum((dl_dp**2))        #计算梯度的平方和
        norm=tf.sqrt(norm).numpy()                 #计算梯度的参数norm
        #如果梯度的参数norm大于阈值theta,则进行梯度裁剪
        if norm>theta:
            for param in params:
                dl_dp=t.gradient(l,param)
                                            #重新计算损失函数关于当前参数的梯度
                dl_dp=tf.compat.v1.assign(tf.Variable(dl_dp),
dl_dp*theta/norm)                 #梯度裁剪
                param.assign_sub(lr*dl_dp/batch_size)
                                            #根据裁剪后的梯度更新参数
```

步骤6 定义 predict_rnn()函数,该函数可根据前缀字符串预测接下来出现的字符串。

【参考代码】

```
    #定义预测函数predict_rnn()
    def predict_rnn(prefix,num_chars,params,num_hiddens,
vocab_size,idx_to_char,char_to_idx):
        '''
        参数prefix表示前缀字符串
        参数num_chars表示要生成的预测序列的长度
        参数num_hiddens表示循环神经网络隐藏层的大小
        '''
        state=init_rnn_state(1,num_hiddens)
                            #调用自定义函数,初始化RNN的状态
        output=[char_to_idx[prefix[0]]]
                            #将前缀字符串的第一个字符转换为对应的索引
        #使用循环生成预测序列
        for t in range(num_chars+len(prefix)-1):
            X=to_onehot(tf.reshape(tf.constant([output[-1]]),
shape=(1,1)),vocab_size)
        #将上一时间步的输出作为当前时间步的输入,并将其转换为one-hot向量
```

```
            Y,state=rnn(X,state,params)
                        #调用rnn()函数,计算当前时间步的输出并更新RNN的隐藏状态
            #确定下一个输入
            if t<len(prefix)-1:
                output.append(char_to_idx[prefix[t+1]])
            #将前缀字符串中的下一个字符转换为对应的索引,并添加到输出列表中
            else:
                output.append(tf.argmax(Y[0],axis=1).numpy()[0])
                            #将下一个最可能的字符的索引添加到输出列表中
    return ''.join([idx_to_char[i] for i in output])
                            #将索引序列转换为字符序列并返回
```

3. 模型训练与预测

步骤1 定义变量 num_inputs、num_hiddens 和 num_outputs,分别表示输入层大小、隐藏层大小和输出层大小。

步骤2 设置模型训练次数为300次,前缀字符串列表为['分开', '不分开']。

模型训练与预测

步骤3 创建循环神经网络语言模型并获取模型的参数。

步骤4 定义交叉熵损失函数,用于计算模型预测值和真实标签之间的差距(损失值)。

步骤5 迭代训练循环神经网络语言模型,在训练过程中同时生成以"分开"和"不分开"为前缀的歌词序列。

【参考代码】
```
#训练模型,在训练过程中同时生成以"分开"和"不分开"为前缀的歌词序列
num_inputs,num_hiddens,num_outputs=vocab_size,256,vocab_size
                        #定义神经网络中的相关变量
num_epochs,prefixes=300,['分开', '不分开']
                        #定义迭代次数和前缀字符串列表
params=get_params()     #获取循环神经网络语言模型的参数
loss=tf.keras.losses.SparseCategoricalCrossentropy(from_logits=True)
                        #定义交叉熵损失函数
#迭代训练模型,共迭代训练300次
for epoch in range(num_epochs):
    state=init_rnn_state(32,num_hiddens)
                        #初始化循环神经网络的状态
    l_sum,n,start=0.0,0,time.time()
                        #初始化损失总和、样本数量和起始时间
```

```
        data_iter=data_iter_consecutive(corpus_indices,32,35)
                    #调用data_iter_consecutive()函数,生成连续小批量数据
    for X,Y in data_iter:
        with tf.GradientTape(persistent=True) as t:
             #使用tf.GradientTape记录计算过程,以便后续计算梯度
            t.watch(params)
    #确保参数params在计算损失函数的过程中被tf.GradientTape追踪
            inputs=to_onehot(X,vocab_size)
                              #将输入数据转换为one-hot向量
            outputs,state=rnn(inputs,state,params)
    #调用rnn()函数,完成循环神经网络每个时间步的计算并更新隐藏状态
            outputs=tf.concat(values=[*outputs],axis=0)
                         #将多个矩阵沿着指定的轴(axis)拼接起来
            y=tf.reshape(tf.transpose(Y),shape=(-1,))
                              #将标签数据转换为一维数组
            l=tf.reduce_mean(loss(y,outputs))      #计算平均损失
        sgd(params,l,t,100,1,0.01)
                          #调用sgd()函数,进行梯度下降与优化
        l_sum+=l.numpy()*y.numpy().shape[0]      #累加损失
        n+=y.numpy().shape[0]                    #更新样本数量
    #输出训练信息
    if(epoch+1)%10==0:
        print('epoch%d,perplexity%f,time%.2fsec'%(epoch+1,
l_sum/n,time.time()-start))
                 #每隔10个周期,输出当前周期数、困惑度和训练时间
        #生成以"分开"和"不分开"为前缀的歌词序列
        for prefix in prefixes:
            print('-',predict_rnn(prefix,50,params,num_hiddens,
vocab_size,idx_to_char,char_to_idx))
                       #生成长度为50的预测序列并输出
```

【运行结果】 程序运行结果(部分)如图5-12所示。可见,模型共训练300次,每隔10个训练周期,进行一次预测,即生成以"分开"和"不分开"为前缀的歌词序列。

```
epoch150,perplexity0.706487,time5.84sec
- 分开 我不了的爱活在西元前 深埋在美索不达米亚平原 用楔形文字刻下了永远 那已风化千年的誓言 一切第一次
- 不分开觉 你已经这我开 不知不觉 我跟了这节奏 后知后觉 又过了一个秋 后知后觉 我该好好生活 我该好好生
epoch160,perplexity0.544210,time5.74sec
- 分开 我不能的爱息在西元前 深埋在美索不达米亚平原 用楔形文字刻下了永远 那已风化千年的誓言 一切又重演
- 不分开觉 你已经离开我 不知不觉 我跟了这节奏 后知后觉 又过了一个秋 后知后觉 我该好好生活 我该好好生
```

图5-12 以"分开"和"不分开"为前缀的歌词序列生成结果(部分)

项目实训

1. 实训目的

（1）掌握将词序列转换为 one-hot 向量的方法。

（2）掌握循环神经网络语言模型的实现方法。

（3）掌握使用循环神经网络语言模型生成文本的方法。

2. 实训内容

使用中文歌词数据集"jaychou_lyrics"中的第 10 000～20 000 个字符训练一个循环神经网络语言模型，并使用该模型生成以"我"和"没有"为前缀的长度为 100 的歌词序列。要求：模型训练迭代次数为 200 次，模型隐藏层大小为 256，训练模型使用的每个小批量数据的样本数为 32，训练模型时每批数据包含 35 个小批量数据。

（1）启动 Jupyter Notebook，以 Python 3 工作方式新建 Jupyter Notebook 文档，并重命名为"lyricsitem5.ipynb"。

（2）数据准备。

① 导入本实训需要的框架和库。

② 读取中文歌词数据并对数据进行相应处理。

③ 输出数据处理结果。

④ 定义一个能够生成连续小批量数据的函数。

⑤ 定义一个能够将输入数据转换为 one-hot 向量的函数。

（3）定义模型。

① 定义_one()函数，用于对模型的参数进行初始化。

② 定义 get_params()函数，用于获取循环神经网络模型的参数。

③ 定义 init_rnn_state()函数，用于初始化循环神经网络的状态。

④ 定义 rnn()函数，完成循环神经网络每个时间步的计算。

⑤ 定义随机梯度下降优化函数 sgd()，用于更新模型参数。

⑥ 定义预测函数 predict_rnn()，该函数的功能是根据前缀字符串预测接下来出现的字符串。

（4）模型训练与预测。

① 定义 3 个变量，分别表示循环神经网络的输入层大小、隐藏层大小和输出层大小。

② 设置模型训练次数为 200 次，前缀字符串列表为['我', '没有']。

③ 创建循环神经网络语言模型并获取模型的参数。

④ 定义交叉熵损失函数，用于计算模型预测值和真实标签之间的差距（损失值）。

⑤ 迭代训练循环神经网络语言模型，并生成以"我"和"没有"为前缀的长度为 100 的歌词序列。

语音识别技术及应用

3. 实训小结

按要求完成实训内容，并将实训过程中遇到的问题和解决办法记录在表 5-1 中。

表 5-1　实训过程

序　号	主要问题	解决办法

项目总结

完成本项目的学习与实践后，请总结应掌握的重点内容，并将图 5-13 的空白处填写完整。

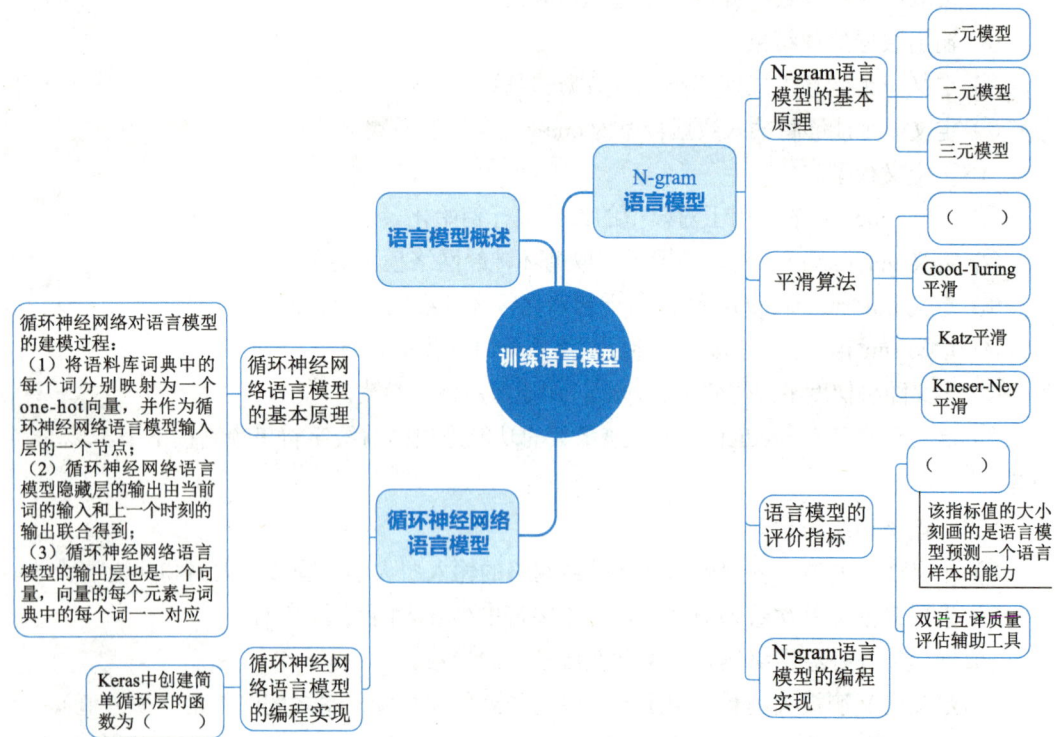

图 5-13　项目总结

项目考核

1. 选择题

(1) 在 N-gram 语言模型中，N 的值代表（　　）。
　　A．单词的长度　　　　　　　　B．单词的频率
　　C．上下文中的单词数量　　　　D．句子的复杂度

(2) 在 N-gram 语言模型中，unigram 模型考虑的是单个（　　）。
　　A．字母　　　　　　　　　　　B．词语
　　C．句子　　　　　　　　　　　D．段落

(3) 在语言模型中，困惑度的作用是（　　）。
　　A．衡量模型的复杂性　　　　　B．衡量模型的性能
　　C．衡量模型的训练速度　　　　D．衡量模型的规模

(4) 常见的语言模型平滑算法不包括（　　）。
　　A．Katz 平滑　　　　　　　　　B．Good-Turing 平滑
　　C．拉普拉斯平滑　　　　　　　D．困惑度

(5) 循环神经网络的主要特点是（　　）。
　　A．多层结构　　　　　　　　　B．前馈连接
　　C．可以处理序列数据的循环连接　D．无隐藏层

2. 判断题

(1) 循环神经网络模型是一种专门用于图像处理的神经网络。（　　）
(2) N-gram 语言模型越高阶（N 越大），模型的复杂度越低。（　　）
(3) 在 N-gram 语言模型中，三元模型考虑 3 个相邻词语的联合概率。（　　）

3. 简答题

(1) 什么是语言模型？
(2) 语言模型的评价方式主要有哪两种？
(3) 简述循环神经网络对语言模型的建模过程。

项目评价

结合本项目的学习情况，完成项目评价并将评价结果填入表 5-2 中。

表 5-2 项目评价

评价项目	评价内容	评价分数			
		分值	自评	互评	师评
项目完成度评价（20%）	项目准备阶段，回答问题是否清晰准确，能够紧扣主题，没有明显错误	5 分			
	项目实施阶段，是否能够根据操作步骤完成本项目	5 分			
	项目实训阶段，是否能够出色完成实训内容	5 分			
	项目总结阶段，是否能够正确地将项目总结的空白信息补充完整	2 分			
	项目考核阶段，是否能够正确地完成考核题目	3 分			
知识评价（30%）	是否理解语言模型的基本概念	6 分			
	是否理解 N-gram 语言模型的基本原理	6 分			
	是否了解常用的平滑算法，包含拉普拉斯平滑、Good-Turing 平滑、Katz 平滑和 Kneser-Ney 平滑	4 分			
	是否了解语言模型的评价指标	4 分			
	是否理解循环神经网络语言模型的基本原理	10 分			
技能评价（30%）	是否能够编写程序，生成 N-gram 语言模型，并使用该模型解决实际问题	15 分			
	是否能够编写程序，使用循环神经网络训练语言模型	15 分			
素养评价（20%）	是否遵守课堂纪律，上课精神是否饱满	5 分			
	是否具有自主学习意识，做好课前准备	5 分			
	是否善于思考，积极参与，勇于提出问题	5 分			
	是否具有团队合作精神，出色完成小组任务	5 分			
合计	综合分数_____自评（25%）+互评（25%）+师评（50%）	100 分			
	综合等级_____	指导老师签字_____			
综合评价	最突出的表现（创新或进步）： 还需改进的地方（不足或缺点）：				

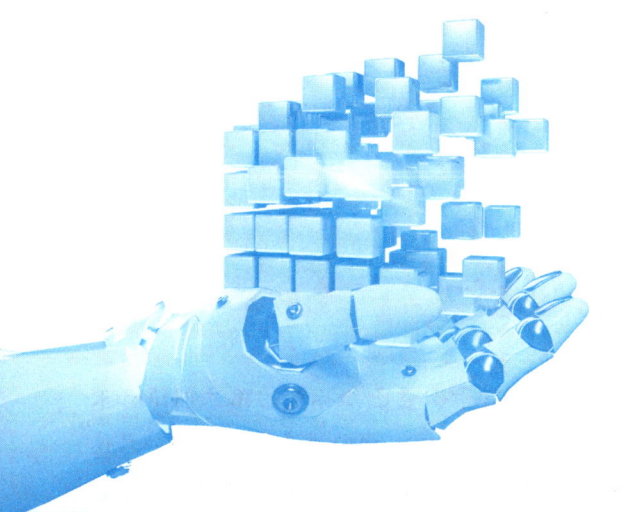

项目 6

构建语音识别系统

项目目标

知识目标

- 理解加权有限状态转换器的解码原理。
- 理解端到端语音识别系统的工作流程。
- 掌握连接时序分类模型的基本原理和训练方法。
- 掌握连接时序分类模型的解码算法。
- 了解注意力机制的基本原理和注意力权重的编程实现方法。

技能目标

- 能够编写程序，对大词汇量的语音数据进行处理。
- 能够使用连接时序分类模型构建端到端的语音识别系统。

素养目标

- 提升使用科学方法解决实际问题的能力。
- 培养一丝不苟，精益求精的工作态度。

语音识别技术及应用

项目描述

语音识别的任务是将语音序列转换为文本序列。对于少量已知标签的孤立词语音来说，只使用声学模型就可以进行语音识别。但如果想构建大词汇量的语音识别系统，只使用声学模型是无法完成任务的，还需要对声学模型的输出进行解码，才能得到识别结果。小旌以前训练的语音识别模型都只能识别少量已知标签的孤立词，还不能识别句子，本项目小旌开始研究大词汇量的语音识别系统。

小旌了解到，在传统的语音识别框架下（相对于端到端语音识别框架，本项目将项目1介绍的语音识别的主流框架称为传统的语音识别框架），构建大词汇量的语音识别系统需要使用解码器对声学模型、语言模型和发音词典进行合并，形成一个巨大的搜索网络，然后使用搜索算法在搜索网络中进行搜索，才能找到概率最大的词序列，进而得到识别结果。除此之外，还有一种更简洁的框架可用于语音识别，就是端到端语音识别。端到端语音识别只关注输入（原始语音信号）和输出（文本），而省去了很多繁琐的中间步骤，使语音识别过程变得更加简单。因此，小旌决定使用端到端的语音识别技术来构建语音识别系统。

小旌使用的数据集是 LJ Speech 数据集（见本书配套素材"item6/datasets"），该数据集由 13 100 个语音片段组成，这些语音片段的内容来自 7 本非小说类书籍。此外，该数据集还提供了一个元数据文件"metadata.csv"，该文件由一个表格组成，表格的每一行对应一个语音片段，介绍该语音片段的名称、内容等。小旌打算使用该数据集训练一个端到端语音识别模型，并验证这个模型的性能。

项目分析

按照项目要求，构建端到端语音识别系统的具体步骤分解如下。

第 1 步：数据准备。导入语音数据集，将数据集按 9∶1 的比例划分为训练集和测试集，并对训练集中的第一个样本进行可视化。

第 2 步：构建模型。构建连接时序分类模型，并输出模型的主要参数信息。

第 3 步：模型训练与评估。定义连接时序分类模型的解码函数；定义 CallbackEval 类，在每个训练周期结束后计算模型的预测错误率，并随机输出两个样本的真实标签与预测结果。

为更好地构建端到端语音识别系统，本项目将对相关知识进行介绍，包含传统语音识别系统、端到端语音识别系统、连接时序分类模型的基本原理、训练方法、解码算法和编程实现方法，以及注意力机制的基本原理和注意力权重的编程实现方法。

项目准备

全班学生以 3~5 人为一组进行分组，各组选出组长，组长组织组员扫码观看"端到端自动语音识别"视频，讨论并回答下列问题。

问题 1：什么是端到端学习？

端到端自动语音识别

问题 2：请画出端到端语音识别的流程图。

问题 3：请简述端到端语音识别的优点。

6.1 传统语音识别系统

在传统语音识别系统中，声学模型的建模单位是音素序列，语言模型的建模单位是词序列，如此在声学模型与语言模型之间就产生了单位不统一的空隙。为了填补这个空隙，需要准备一份能够记录音素序列与词序列之间对应关系的发音词典。故声学模型、发音词典和语言模型就成了传统语音识别系统中不可或缺的 3 个部分，它们对于语音序列的转换过程如图 6-1 所示。

图 6-1 语音序列的转换过程

在传统语音识别系统中，语音识别的实质是使用"声学模型—发音词典—语言模型"求得概率最高的词序列。对于少量孤立词的语音识别来说，可能的词序列数量是有限的，可以通过对所有词进行概率计算，然后再取概率最大的值对应的词即可。但对于大词汇量语音识别系统来说，对所有词进行概率计算几乎是不可能的。这种情况下，可以按从前到后的顺序组合词语，生成如图 6-2 所示的搜索网络。从搜索网络中筛选出概率最高的路径，得到语音识别结果。像这样，在搜索网络中寻找最优解的处理过程，称为搜索。而使用特定算法求得概率最高的词序列的处理称为解码，执行解码处理的程序称为解码器。

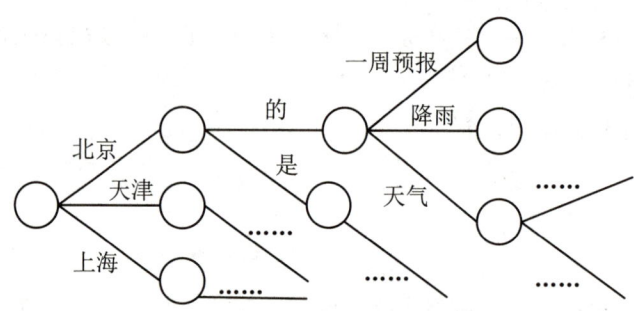

图 6-2　语音识别中的搜索网络

在实际的语音识别系统中，一般使用加权有限状态转换器（weighted finite-state transducers, WFST）进行解码。加权有限状态转换器的基本原理是，首先将声学模型、发音词典和语言模型分别用 WFST 来表示；然后通过合并运算，将它们整合成一个巨大的搜索网络；接着对这个网络进行确定化、最小化等处理，生成一个浓缩了各种约束的网络；最后对这个网络使用维特比算法进行搜索，找到语音序列对应的最优词序列，完成语音识别任务。下面对合并、确定化和最小化 3 种常见的 WFST 运算进行介绍。

（1）合并运算。

合并运算用于将两个不同的 WFST 整合成一个 WFST。WFST 通常用节点和状态转移弧来表示，如图 6-3 所示。

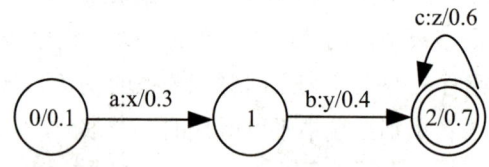

图 6-3　加权有限状态转换器 WFST

在 WFST 中，每个节点代表一个状态，两个状态之间的连线代表状态转移，称为转移弧，每条转移弧上均需标明输入标签、输出标签和对应的权重。在图 6-3 中，状态 0 和状态 1 之间的输入标签是 a，输出标签是 x，权重是 0.3。

两个不同的 WFST 进行合并运算的计算过程如图 6-4 所示。首先，分别合并图 6-4（a）和图 6-4（b）中的起始状态和结尾状态，得到图 6-4（c）中的起始状态(0,0)和结尾状态(3,2)，权重分别相加，得到 0.3 和 1.3。其次，图 6-4（a）中的状态 0 到状态 1 的输出标签与图 6-4（b）中的状态 0 到状态 1 的输入标签一致，可以合并，把权重相加，同时将两个状态 1 合并在一起。再次，图 6-4（a）中的状态 1 到状态 3 的输出标签与图 6-4（b）中状态 1 到状态 2 的输入标签一致，也可以合并成一条转移弧，对应图 6-4（c）中的状态(1,1)到状态(3,2)的转移。以此类推，可以获得图 6-4（c）中的所有状态转移，但由于图 6-4（a）中的状态 0 到状态 2 的转移无法被合并，故丢弃。

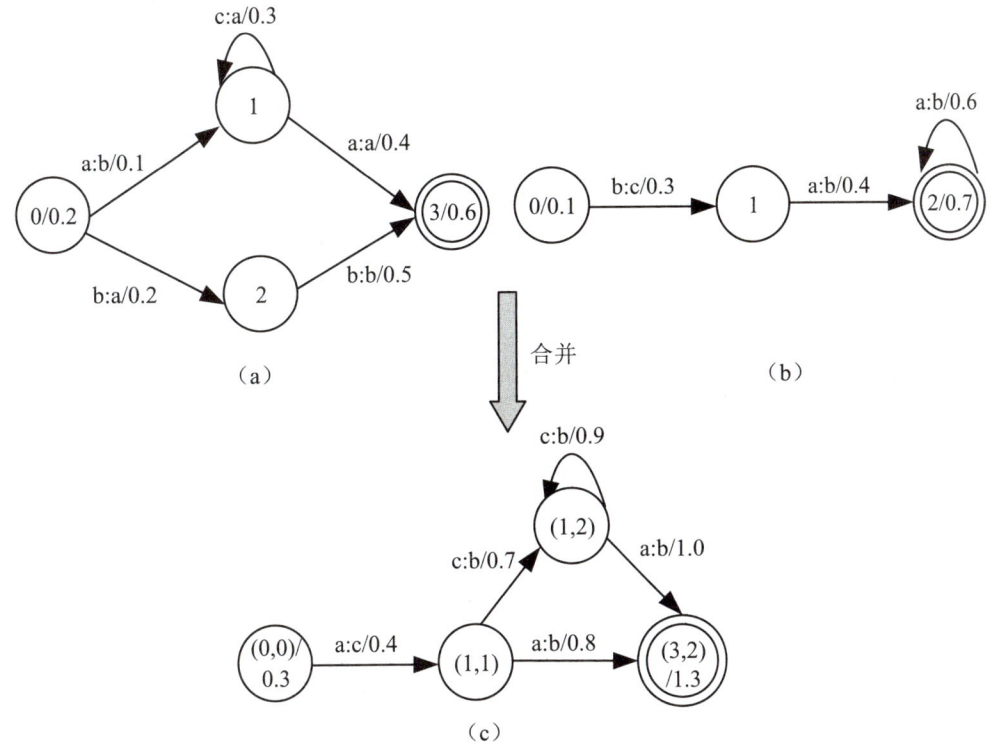

图 6-4 WFST 的合并运算

（2）确定化运算。

确定化运算可确保每个状态对应每个输入有唯一的输出。例如，如图 6-5 所示，状态 0 到状态 1 和状态 0 到状态 2 的两条路径有共同的输入标签和输出标签，进行确定化运算后，通常只保留权重较小的一条路径，故应将状态 2 删除并将状态 2 到状态 3 的转移弧改为状态 1 到状态 3 的转移弧。

（3）最小化运算。

最小化运算用于对 WFST 进行精简，以得到最少的状态和转移弧。例如，如图 6-6 所示，状态 3 到状态 5 的路径和状态 4 到状态 5 的路径均为 ε:z/0，通过最小化删除一条路径，如将状态 4 到状态 5 的路径删除，并把状态 1 到状态 4 的转移改为状态 1 到状态 3 的转移。

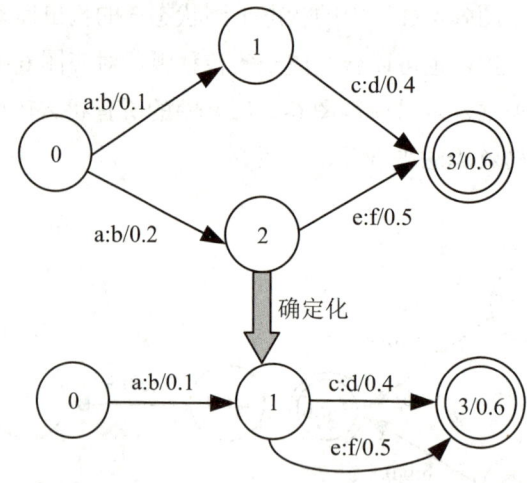

图 6-5 WFST 的确定化运算

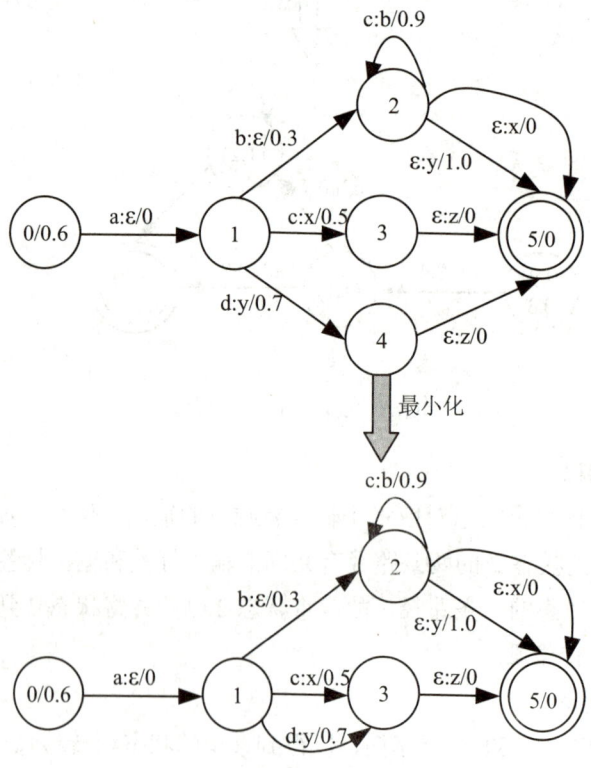

图 6-6 WFST 的最小化运算

6.2 端到端语音识别系统

语音识别技术从最初的模板匹配，到混合高斯模型的 GMM-HMM，再到深度神经网络的 DNN-HMM，已经得到了长足的发展。但两种算法都需要考虑帧与状态的对齐，有一定的局限性。同时，两种算法都基于传统语音识别框架进行设计，需要分别构建声学模型、发音词典和语言模型这 3 大组件，然后再通过 WFST 等解码器融合在一起，步骤非常繁琐。由于每个组件的训练与设计均需要专业知识和技术积累，哪个组件没有调试好都会导致整体效果欠佳，因此，传统语音识别框架入门难，维护也难，迫切需要更简洁的框架。近年来，端到端语音识别受到了人们的关注。

端到端语音识别（end-to-end speech recognition）是一种直接将语音信号转换为文本的整体处理方案，它只关注输入端的语音特征和输出端的文本信息，并且将传统语音识别系统中的 3 大组件融合为一个网络模型，简化了传统语音识别系统中的多个中间环节，其工作流程如图 6-7 所示。

图 6-7 端到端语音识别的工作流程

端到端语音识别的核心在于利用深度学习技术，让神经网络自动学习从语音到文本的映射关系。这种方式无需显式的特征提取，直接通过训练优化即可得到识别结果。

端到端语音识别的实现方法主要有连接时序分类模型和注意力机制。连接时序分类模型专门用于处理输入和输出长度不一，无法对齐的序列标注问题，可大大提高语音识别的效率和准确率。注意力机制用于端到端的语音识别时，无需对输入序列和输出序列做预先假设，可以同时学习编码、解码和如何对齐。

6.2.1 连接时序分类模型

1. 连接时序分类模型的原理

连接时序分类（connectionist temporal classification, CTC）模型是建立在神经网络（如循环神经网络、卷积神经网络等）的基础上，通过 CTC 损失函数训练而成的端到端学习模型。在语音识别领域中，连接时序分类模型能够将每一帧语音的输出对应到标注文本上，解决对齐问题。

语音识别任务的输入是语音特征序列，输出是对应的文字序列。语音特征序列由多个帧组成，每帧的长度一般为 10～30 ms，这个时间是非常短的，不足以表达一个完整的发音。因此，一个文字往往会对应多个连续帧。而深度神经网络的输入和输出的维度往往是相同的,即每帧语音都会对应一个输出。由于多个连续帧才能表达一个文字,那么每帧语音对应的输出标签应该是什么文字呢?这就需要对深度神经网络的输出进行设计,使得每一帧输入语音都能对应一个输出标签。

我们知道,人说话时的发音是连续的且中间会有"停顿",故可以把表示同一个文字发音的多个连续帧都映射为该文字,而文字与文字之间的"停顿"帧映射为空白字符ϵ,然后再经过特定处理,去除重复字符和空白字符,即可得到最终的输出文字。例如,如图 6-8 所示,给定一段"hello"的语音,输入帧序列为 10 帧,通过连接时序分类模型进行识别之后,输出序列可能为"heϵllϵlloo",然后再经过合并和去空白操作即可得到正确的字符序列"hello"。

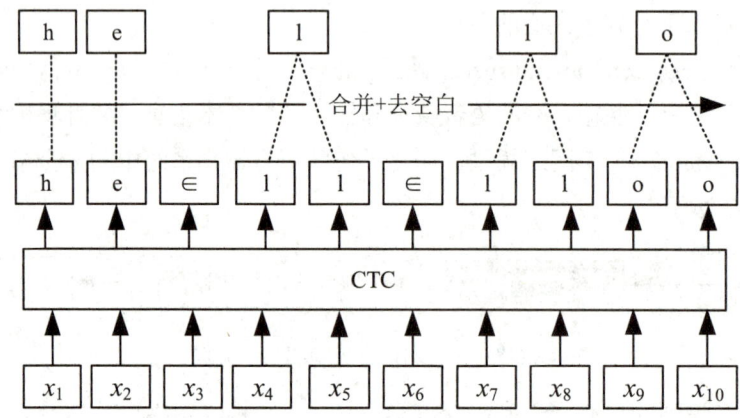

图 6-8　连接时序分类模型的合并和去空白操作

2. 连接时序分类模型的训练

连接时序分类模型的训练数据一般是多个标定好真实标签的语音片段。对于某个语音片段来说,我们希望模型的输出结果就是标定的文本。在连接时序分类模型的训练过程中,通常使用 CTC 损失函数来描述模型的输出结果(预测值)与真实标签(真实值)之间的差距,进而优化模型。

训练连接时序分类模型时,首先需要将语音片段处理成长度为 T 的帧序列;然后将其输入循环神经网络或其他神经网络中,神经网络的参数进行初始化后,经前向传播算法计算,可输出 T 个概率向量,每个概率向量内部存放词典中每个字符(包括空白字符)对应的概率;根据这些概率向量,计算出 CTC 损失函数的值;然后以损失函数的值为参考,经反向传播算法更新神经网络的参数值,再经前向传播算法计算,得到输出概率向量,再计算损失函数的值。如此反复执行,直到达到训练次数,得到一个训练好的模型。

例如,若有一段长度为 6 帧的语音片段,对应的文本是"zoo",那么词典就是{z,o,ϵ}。现在把这个语音帧序列输入循环神经网络中,循环神经网络就会计算每个时刻词典中每个字符的概率分布,最终得到 6 个概率向量,每个概率向量内部存放词典中字符 z、o 和 ϵ 的概率,如图 6-9 所示。

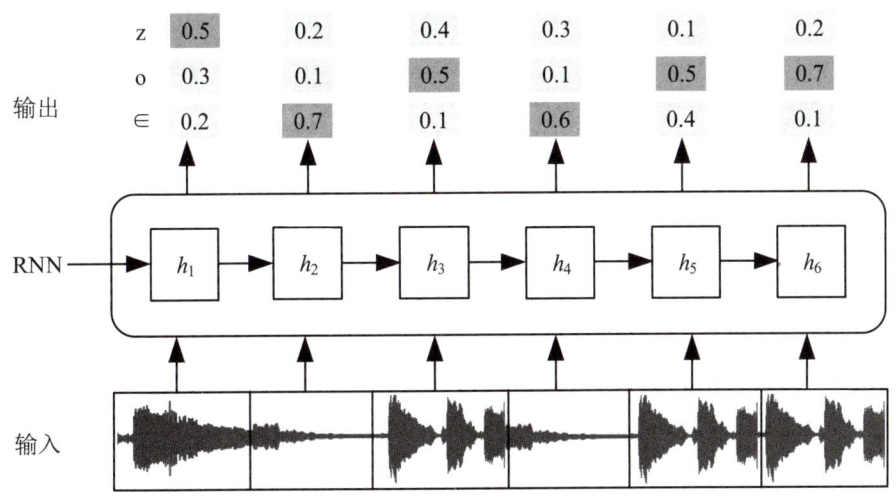

图 6-9　循环神经网络对语音片段的处理

循环神经网络输出每一帧语音预测为词典中每个字符的概率之后,需要使用 CTC 损失函数来衡量这些输出概率对应的输出序列与真实标签之间的差距。CTC 损失函数的计算公式为

$$L(S) = -\sum_{(X,Y)\in S} \log P(Y|X)$$

其中,X 表示输入帧序列,Y 表示输出序列,S 表示训练数据集。可见,计算损失函数的值主要需要计算 $P(Y|X)$ 的值,而直接计算 $P(Y|X)$ 的值比较复杂,可借鉴前向—后向算法的思路,利用动态规划来求解。

求得损失函数的值之后,经反向传播算法更新模型的参数值,然后再经前向传播算法训练模型,再计算损失函数的值。如此反复训练,直到达到训练次数,即可得到一个训练好的、能够识别"zoo"文本的语音识别模型。

3. 连接时序分类模型的解码

连接时序分类模型被训练好之后,就可以使用该模型进行预测了。在一般的分类问题中,训练好模型之后,模型的预测过程非常简单,只需要加载模型,然后从前到后执行即可得到分类结果。但在序列学习问题(语音识别是从语音序列到文本序列的转换,属于序列学习问题)中,模型的预测过程本质是一个空间搜索过程,不仅需要训练好的模型,还需要定义解码算法。其中,模型用于将语音帧序列预测为词典中每个字符对应的概率向量;解码算法用于将模型输出的概率向量转换为最终的预测结果。

目前,连接时序分类模型的常见解码算法主要有 3 种,分别是贪心搜索解码算法、穷举搜索解码算法和束搜索解码算法。下面分别对这 3 种解码算法进行介绍。

(1)贪心搜索解码算法。贪心搜索解码算法是在每个时间步中选择概率最大的字符作为输出结果,故图 6-9 所示例子中,使用贪心搜索解码算法可以得到输出序列"z∈o∈oo",经过合并与去空白处理后,即可得到最终输出结果"zoo"。

语音识别技术及应用

> **指点迷津**
>
> 贪心搜索解码算法虽然简单，但其得到的结果并不是最优解。因为每个时间步中选取概率最大的字符并不等于这些字符组合的概率就最大。因此，贪心搜索解码算法的性能非常受限，这种算法忽略了一个输出可能对应多个对齐结果的情况。

（2）穷举搜索解码算法。穷举搜索解码算法的基本思想是在解码网络中穷举所有可能的路径，然后合并输出标签一致的路径，最后选出总概率最大的解码序列作为输出结果。例如，某连接时序分类模型的输出为 3 个概率向量，解码词典为 {a, b, ∈}，每个时间步输出的概率向量分布如图 6-10 所示，则使用穷举搜索解码算法进行解码时的解码网络如图 6-11 所示。

	t=1	t=2	t=3
a	0.2	0.5	0.1
b	0.5	0.4	0.6
∈	0.3	0.1	0.3

图 6-10　穷举搜索解码算法的概率向量分布

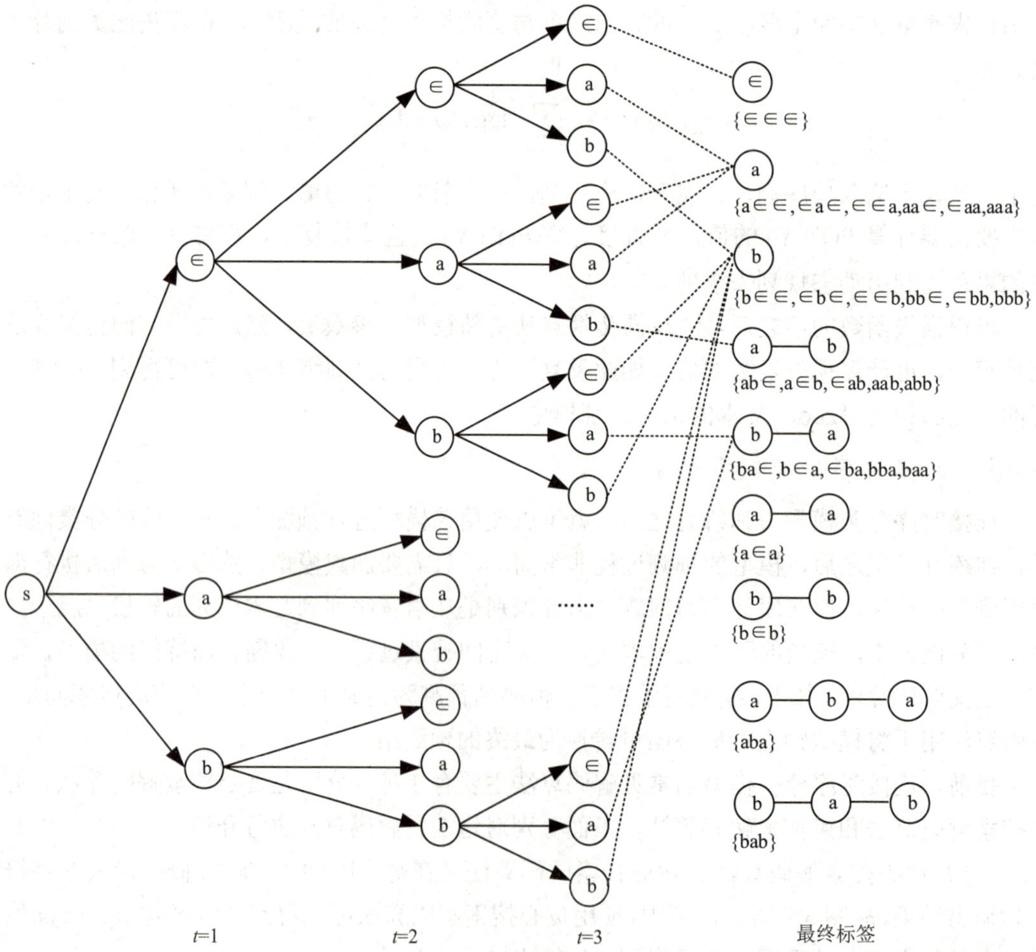

图 6-11　穷举搜索解码算法的解码网络

在穷举搜索解码算法的解码网络中搜索所有可能的路径并将标签一致的路径进行合并，最终能得到 9 种解码序列，每种解码序列对应的概率计算如下。可见，在 9 种解码序列中，$p(Y=\text{b})$ 的概率最大，故最终应解码为 {b}。

$$p(Y=\epsilon) = p(\epsilon\epsilon\epsilon) = 0.3 \times 0.1 \times 0.3 = 0.009$$

$$\begin{aligned}
p(Y=\text{a}) &= p(\text{a}\epsilon\epsilon) + p(\epsilon\text{a}\epsilon) + p(\epsilon\epsilon\text{a}) + p(\text{aa}\epsilon) + p(\epsilon\text{aa}) + p(\text{aaa}) \\
&= 0.2 \times 0.1 \times 0.3 + 0.3 \times 0.5 \times 0.3 + 0.3 \times 0.1 \times 0.1 \\
&\quad + 0.2 \times 0.5 \times 0.3 + 0.3 \times 0.5 \times 0.1 + 0.2 \times 0.5 \times 0.1 \\
&= 0.006 + 0.045 + 0.003 + 0.03 + 0.015 + 0.01 = 0.109
\end{aligned}$$

$$\begin{aligned}
p(Y=\text{b}) &= p(\text{b}\epsilon\epsilon) + p(\epsilon\text{b}\epsilon) + p(\epsilon\epsilon\text{b}) + p(\text{bb}\epsilon) + p(\epsilon\text{bb}) + p(\text{bbb}) \\
&= 0.5 \times 0.1 \times 0.3 + 0.3 \times 0.4 \times 0.3 + 0.3 \times 0.1 \times 0.6 \\
&\quad + 0.5 \times 0.4 \times 0.3 + 0.3 \times 0.4 \times 0.6 + 0.5 \times 0.4 \times 0.6 \\
&= 0.015 + 0.036 + 0.018 + 0.06 + 0.072 + 0.12 = 0.321
\end{aligned}$$

$$\begin{aligned}
p(Y=\text{ab}) &= p(\text{ab}\epsilon) + p(\text{a}\epsilon\text{b}) + p(\epsilon\text{ab}) + p(\text{aab}) + p(\text{abb}) \\
&= 0.2 \times 0.4 \times 0.3 + 0.2 \times 0.1 \times 0.6 + 0.3 \times 0.5 \times 0.6 \\
&\quad + 0.2 \times 0.5 \times 0.6 + 0.2 \times 0.4 \times 0.6 \\
&= 0.024 + 0.012 + 0.09 + 0.06 + 0.048 = 0.234
\end{aligned}$$

$$\begin{aligned}
p(Y=\text{ba}) &= p(\text{ba}\epsilon) + p(\text{b}\epsilon\text{a}) + p(\epsilon\text{ba}) + p(\text{bba}) + p(\text{baa}) \\
&= 0.5 \times 0.5 \times 0.3 + 0.5 \times 0.1 \times 0.1 + 0.3 \times 0.4 \times 0.1 \\
&\quad + 0.5 \times 0.4 \times 0.1 + 0.5 \times 0.5 \times 0.1 \\
&= 0.075 + 0.005 + 0.012 + 0.02 + 0.025 = 0.137
\end{aligned}$$

$$p(Y=\text{aa}) = p(\text{a}\epsilon\text{a}) = 0.2 \times 0.1 \times 0.1 = 0.002$$

$$p(Y=\text{bb}) = p(\text{b}\epsilon\text{b}) = 0.5 \times 0.1 \times 0.6 = 0.03$$

$$p(Y=\text{aba}) = p(\text{aba}) = 0.2 \times 0.4 \times 0.1 = 0.008$$

$$p(Y=\text{bab}) = p(\text{bab}) = 0.5 \times 0.5 \times 0.6 = 0.15$$

指点迷津

> 穷举搜索解码算法需要搜索每条路径，时间复杂度极高，解码速度会非常慢，在大型的解码网络中，该算法几乎不可使用。为了加快解码速度，可使用束搜索解码算法。

（3）束搜索解码算法。束搜索解码算法是贪心搜索解码算法的一个改进算法，它扩大了贪心搜索解码算法的解码网络，但远不及穷举搜索解码算法的解码网络大。束搜索解码算法的基本思想是在每个时间步中选择当前条件概率最大的 N 条路径（N 称为束宽），然后在这些路径中继续扩展搜索，最终选出概率最大的一条路径作为输出结果。例如，某连接时序分类模型的输出为 4 个概率向量，解码词典为 $\{\text{a},\text{b},\text{c},\epsilon\}$，每个时间步输出的概率向量分布如图 6-12 所示，则使用束搜索解码算法（设 $N=2$）进行解码时的解码流程如图 6-13 所示。

	t=1	t=2	t=3	t=4
a	0.5	0.2	0.05	0.05
b	0.1	0.6	0.05	0.05
c	0.3	0.1	0.8	0.1
∈	0.1	0.1	0.1	0.8

图 6-12　束搜索解码算法的概率向量分布

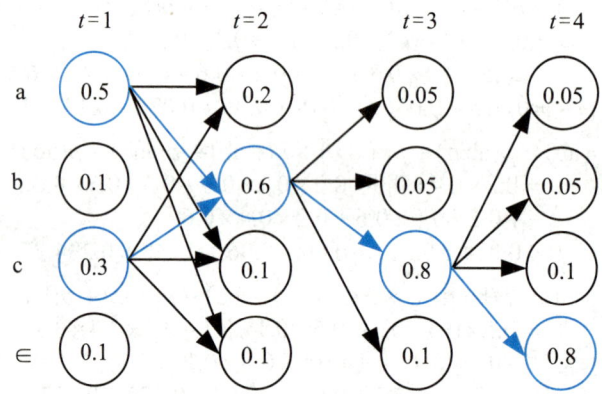

图 6-13　束搜索解码算法的解码流程

在第一个时间步中，概率最大的两个节点为 a 和 c，故将这两个节点作为候选输出序列；在第二个时间步中，以 a 开头的序列有 {aa, ab, ac, a∈} 4 个，以 c 开头的序列有 {ca, cb, cc, c∈} 4 个，从这 8 个序列中选出概率最大的两个序列 ab 和 cb，作为候选输出序列；在第三个时间步中，以 ab 开头的序列有 {aba, abb, abc, ab∈} 4 个，以 cb 开头的序列有 {cba, cbb, cbc, cb∈} 4 个，从这 8 个序列中选出概率最大的两个序列 abc 和 cbc，作为候选输出序列；在第四个时间步中，以 abc 开头的序列有 {abca, abcb, abcc, abc∈} 4 个，以 cbc 开头的序列有 {cbca, cbcb, cbcc, cbc∈} 4 个，从这 8 个序列中选出概率最大的两个序列 abc∈ 和 cbc∈。由于 4 个时间步已经结束，故直接从 abc∈ 和 cbc∈ 中选出概率最大的一个序列 abc∈ 作为最终输出结果。

高手点拨

采用束搜索解码算法进行解码时，N 值的设置非常重要。当 $N=1$ 时，就变成了贪心搜索解码算法，这时搜索精度就会降低；当 N 的值非常大时，搜索速度就会降低。故在实际的操作过程中，应当选择合适的 N 值，在速度和精度上进行平衡。

4．连接时序分类模型的编程实现

在构建连接时序分类模型时，除了需要构建基本的神经网络结构之外，还需要定义

CTC 损失函数和 CTC 解码函数。Keras 中的 keras.backend.ctc_batch_cost()函数和 keras.backend.ctc_decode()函数可分别实现 CTC 损失函数和 CTC 解码函数，其语法格式如下。

```
tf.keras.backend.ctc_batch_cost(y_true,y_pred,input_length,
label_length)
```

其中，y_true 表示真实的标签序列；y_pred 表示模型预测的输出序列；input_length 表示输入序列的长度；label_length 表示标签序列的长度。

```
tf.keras.backend.ctc_decode(y_pred,input_length,greedy=True,
beam_width)
```

其中，greedy 是一个布尔值，用于指定是否使用贪心搜索解码算法进行解码，其值为 True 时，表示使用贪心搜索解码算法，其值为 False 时，表示使用束搜索解码算法；beam_width 用于指定束搜索解码算法的宽度，当 greedy 的取值为 False 时，该参数有效。

【例6-1】 现有一个语音文件"audio.wav"，其对应的标签文本是"she had your dark suit in greasy wash water all year"。请使用连接时序分类模型对该语音文件进行训练，实现端到端的语音识别。提示：语音文件"audio.wav"和标签文件"label.txt"均存放于本书配套素材"item6"文件夹中。

【程序分析】 使用连接时序分类模型实现端到端的语音识别，首先应对语音文件和标签文本进行处理，然后构建基于深度神经网络的连接时序分类模型，并使用 CTC 损失函数进行训练，最终使用 CTC 解码函数进行解码，得到预测结果。

（1）读取语音文件并提取 MFCC 特征。

【参考代码】

```
import time                                    #导入time模块
import scipy.io.wavfile as wf                  #导入wavfile模块
import numpy as np                             #导入NumPy库
from python_speech_features import mfcc
import warnings
warnings.filterwarnings("ignore")              #设置忽略警告
SPACE_TOKEN='<space>'    #定义字符串常量，表示空格
SPACE_INDEX=0            #定义整数常量，表示空格的索引值，初始化为0
FIRST_INDEX=ord('a')-1   #定义整数常量，表示字母'a'的ASCII码值减1
audio_filename='audio.wav'
target_filename='label.txt'
fs,audio=wf.read(audio_filename)               #读取语音文件
inputs=mfcc(audio,samplerate=fs)               #提取语音特征
```

```
train_inputs=np.asarray(inputs[np.newaxis, :])
                    #将语音特征转换为NumPy数组,并添加一个新的维度
train_inputs=(train_inputs-np.mean(train_inputs))/np.std(train_inputs)          #对语音特征进行标准化处理
print('处理后的语音特征: ',train_inputs)    #输出语音特征
```

【运行结果】 程序运行结果如图6-14所示。

```
处理后的语音特征: [[[ 0.72197885 -1.22595829 -0.09143956 ...  0.02968079  0.05057417
    0.18417112]
  [ 0.72731201 -1.23968434  0.19517373 ...  0.45907348  0.13739232
    0.46344931]
  [ 0.72842625 -1.45113717  0.05539043 ...  0.24513622  0.54070705
    0.74703585]
  ...
  [ 0.85075829 -0.91526245 -1.32555097 ... -0.66132418 -0.20323224
    0.81562004]
  [ 0.82126112 -1.12205064 -1.56128338 ... -0.25749163 -0.06537126
    0.72192659]
  [ 0.79144019 -1.04116612 -1.31080943 ... -0.2235944   0.40205949
    0.46507504]]]
```

图6-14 语音特征处理结果

(2) 对标签文本进行字符级的处理。

【参考代码】

```
#读取标签文件
with open(target_filename,'r') as f:
    line=f.readlines()[-1]
#对标签文本进行处理:删除空白字符、将字符转换为小写字母、删除字符串中的句号等
original=' '.join(line.strip().lower().split(' ')[0:]).replace('.','')
print('原始字符串: ',original)
targets=original.replace(' ', '  ')
                    #将original字符串中的每个空格替换为两个空格
print('添加空格后的字符串: ',targets)
targets=targets.split(' ')     #按空格拆分字符串,得到字符串列表
print('字符串列表: ',targets)
targets=np.hstack([SPACE_TOKEN if x=='' else list(x) for x in targets])                    #添加空标签并将每个单词转换为字符列表
print('添加空标签的字符列表: ',targets)
targets = np.asarray([SPACE_INDEX if x == SPACE_TOKEN else ord(x) - FIRST_INDEX for x in targets]) #将字符列表转换为索引列表
```

```
train_targets=np.array(targets).reshape(1,-1)
                        #将索引列表的维度增加为2维，用于训练模型
print('索引列表: ',train_targets)
```

【运行结果】 程序运行结果如图6-15所示。

```
原始字符串: she had your dark suit in greasy wash water all year
添加空格后的字符串: she had your dark suit in greasy wash water all year
字符串列表: ['she', ' ', 'had', ' ', 'your', ' ', 'dark', ' ', 'suit', ' ', 'in', ' ', 'greasy', ' ', 'wash', ' ', 'water', ' ', 'all', ' ', 'year']
添加空标签的字符列表: ['s' 'h' 'e' '<space>' 'h' 'a' 'd' '<space>' 'y' 'o' 'u' 'r' '<space>' 'd'
 'a' 'r' 'k' '<space>' 's' 'u' 'i' 't' '<space>' 'i' 'n' '<space>' 'g' 'r'
 'e' 'a' 's' 'y' '<space>' 'w' 'a' 's' 'h' '<space>' 'w' 'a' 't' 'e' 'r'
 '<space>' 'a' 'l' 'l' '<space>' 'y' 'e' 'a' 'r']
索引列表: [[19  8  5  0  8  1  4  0 25 15 21 18  0  4  1 18 11  0 19 21  9 20  0  9
  14  0  7 18  5 19 25  0 23  1 19  8  0 23  1 20  5 18  0  1 12 12  0
  25  5  1 18]]
```

图6-15 标签文本处理结果

（3）构建连接时序分类模型。

【参考代码】

```python
#导入需要的模块和库
import tensorflow as tf
from tensorflow import keras
from tensorflow.keras.layers import LSTM, Input, Dense
from tensorflow.keras.models import Model
#定义模型参数
num_features=13         #定义变量，表示输入特征的数量，初始化为13
num_layers=1            #定义变量，表示神经网络隐藏层的层数
num_units=50            #定义变量，表示LSTM单元中的单元数量，初始化为50
num_classes=ord('z')-ord('a')+1+1+1
            #计算标签类别数量，包含字符"a~z"、空格、空标签共28个字符
initial_learning_rate=0.01              #定义变量，设置初始学习率
#定义损失函数
def CTCLoss(y_true,y_pred):
    #计算训练时的损失值
    batch_len=tf.cast(tf.shape(y_true)[0],dtype="int64")
                        #获取批次的大小
    input_length=tf.cast(tf.shape(y_pred)[1],dtype="int64")
                        #获取预测序列长度
    label_length=tf.cast(tf.shape(y_true)[1],dtype="int64")
                        #获取标签序列长度
```

```
        input_length=input_length*tf.ones(shape=(batch_len,1),
dtype="int64")
        label_length=label_length*tf.ones(shape=(batch_len,1),
dtype="int64")
        loss=keras.backend.ctc_batch_cost(y_true,y_pred,
input_length,label_length)          #计算损失值
        return loss
    #定义模型
    def build_model(num_features,num_layers,num_units,num_classes):
        inputs=Input(name='inputs',shape=(None,num_features),
dtype='float32')                    #定义输入层
        #定义LSTM层堆叠
        for _ in range(num_layers):
            lstm_output=LSTM(num_units,return_sequences=True,
name=f'lstm_{_}')(inputs)
        outputs=Dense(num_classes,activation='softmax',
name='softmax')(lstm_output)        #定义全连接层（输出层）
        model=Model(inputs=inputs,outputs=outputs)          #构建模型
        optimizer=keras.optimizers.Adam(learning_rate=
initial_learning_rate)              #创建优化器
        model.compile(optimizer=optimizer,loss=CTCLoss)     #编译模型
        return model
    #调用build_model()函数，构建具有特定结构的神经网络模型
    model=build_model(num_features,num_layers,num_units,num_classes)
    model.summary()                     #输出模型的参数信息
```

【运行结果】 程序运行结果如图6-16所示。

```
Model: "model"

Layer (type)            Output Shape            Param #

inputs (InputLayer)     [(None, None, 13)]      0

lstm_0 (LSTM)           (None, None, 50)        12800

softmax (Dense)         (None, None, 28)        1428

Total params: 14228 (55.58 KB)
Trainable params: 14228 (55.58 KB)
Non-trainable params: 0 (0.00 Byte)
```

图6-16 模型参数信息

（4）训练模型并输出模型训练过程中的信息。

【参考代码】

```
#定义超参数
num_epochs=500                    #设置训练周期数
batch_size=1                      #设置批处理大小
for curr_epoch in range(num_epochs):
    train_cost=0                  #初始化损失值
    start=time.time()             #记录当前时间
    history=model.fit(train_inputs,train_targets,epochs=1,batch_size=batch_size)    #训练模型
    train_cost=history.history['loss'][0]                                    #更新损失值
    #输出训练信息
    log="Epoch{}/{},train_cost={:.3f}, time={:.3f}"
    print(log.format(curr_epoch+1,num_epochs,train_cost,time.time()-start))
```

【运行结果】 程序运行结果（部分）如图6-17所示。

```
Epoch492/500,train_cost=0.997, time=0.070
1/1 [==============================] - 0s 27ms/step - loss: 0.9897
Epoch493/500,train_cost=0.990, time=0.074
1/1 [==============================] - 0s 25ms/step - loss: 0.9825
Epoch494/500,train_cost=0.982, time=0.076
1/1 [==============================] - 0s 25ms/step - loss: 0.9753
Epoch495/500,train_cost=0.975, time=0.072
1/1 [==============================] - 0s 26ms/step - loss: 0.9682
Epoch496/500,train_cost=0.968, time=0.071
1/1 [==============================] - 0s 25ms/step - loss: 0.9612
Epoch497/500,train_cost=0.961, time=0.071
1/1 [==============================] - 0s 27ms/step - loss: 0.9543
Epoch498/500,train_cost=0.954, time=0.072
1/1 [==============================] - 0s 26ms/step - loss: 0.9475
Epoch499/500,train_cost=0.947, time=0.073
1/1 [==============================] - 0s 28ms/step - loss: 0.9407
Epoch500/500,train_cost=0.941, time=0.075
```

图6-17 模型训练过程（部分）

（5）使用贪心搜索解码算法对预测结果进行解码。

【参考代码】

```
pred=model.predict(train_inputs)         #模型预测
input_len=np.ones(pred.shape[0])*pred.shape[1]
results=keras.backend.ctc_decode(pred,input_length=input_len,greedy=True)[0][0]
                #使用贪心搜索解码算法对预测结果进行解码，得到字符的索引列表
```

```
list_decoded=[]                               #定义列表,用于存放字符
for x in results:
    for y in x:
        list_decoded.append(chr(y+FIRST_INDEX))
                    #将字符索引转换为对应的字符,并添加至字符列表中
    str_decoded=''.join(list_decoded)
                    #将字符列表转换为字符串(以空格分隔)
str_decoded=str_decoded.replace('_','')       #删除字符串中的空字符
str_decoded=str_decoded.replace(chr(ord('a')-1),' ')
                    #替换字符串中的字符"`"(ASCII码表中字母"a"的前一个字符)
print('原始标签:\n%s' % original)              #输出原始标签
print('识别文本:\n%s' % str_decoded)           #输出解码后的文本
```

【运行结果】 程序运行结果如图 6-18 所示。

```
原始标签:
she had your dark suit in greasy wash water all year
识别文本:
she had your dark suit in greasy wash water all year
```

图 6-18　模型解码结果

拓展阅读

连接时序分类模型在进行语音建模时存在两个问题,一是缺乏语言模型,不能进行联合优化;二是不能建立模型输出之间的依赖关系。为此,研究人员提出了循环神经网络变换器(RNN-transducer, RNN-T)。循环神经网络变换器实际上是对连接时序分类模型的一种改进,它的一个重要特点是对声学模型和语言模型分别建模,同时又通过联合网络将声学模型和语言模型的状态拼接或相加结合在一起,进行联合优化。这使得循环神经网络变换器的损失函数与连接时序分类模型的损失函数一致。当有足够的训练数据时,循环神经网络变换器就不需要另外的语言模型了,真正实现了端到端的建模。

6.2.2　注意力机制

1. 注意力机制的基本原理

注意力机制也称注意力模型,是深度学习模型中被广泛应用的一种模型,它最早应用于机器翻译,后扩展到语音识别领域。通俗来讲,注意力机制是在一定程度上模拟人的视觉注意力的一种模型,当人们注意到某个目标或场景时,人类对于该目标或场景中每个空

间位置上的注意力分布是不同的,重点关注的目标区域会获取更多的细节信息。与此类似,注意力机制的核心目标也是从众多信息中选择出对当前任务目标更关键的信息。

目前,注意力机制一般用于 Encoder-Decoder(编码-解码)框架中来解决序列到序列(Seq2Seq)问题,这种加入了注意力机制的 Encoder-Decoder 模型称为基于 Attention 的 Encoder-Decoder 模型,其基本结构如图 6-19 所示。

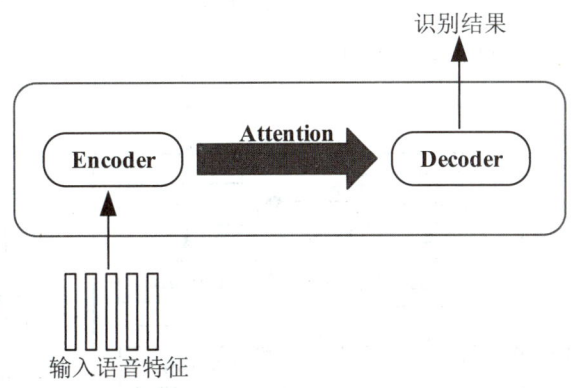

图 6-19 基于 Attention 的 Encoder-Decoder 结构

基于 Attention 的 Encoder-Decoder 模型用于语音识别任务时,通常分为 Encoder、Attention 和 Decoder 这 3 个模块,每个模块的功能如下。

(1)Encoder。Encoder 是一个编码器,通常使用循环神经网络来实现,其输入为语音特征序列,输出为中间向量序列。

(2)Attention。Attention 从 Encoder 输出的所有中间向量序列中计算注意力权重,并基于此权重构建 Decoder 的上下文向量,进而建立输出目标序列与输入语音序列之间的对齐关系。

(3)Decoder。Decoder 是一个解码器,通常使用循环神经网络来实现,其任务是计算输出结果的概率分布。

拓展阅读

自注意力机制(self-attention mechanism)是注意力机制的一种特定形式。它的基本思想是在处理序列数据时,每个元素都可以与序列中的其他元素建立关联,而不仅仅依赖于相邻位置的元素。它通过计算元素之间的相对重要性,能够自适应地捕捉元素之间的长期依赖关系,从而有效地处理复杂的序列数据。

多头自注意力机制(multi-head self-attention machanism)是在自注意力机制的基础上发展起来的,是自注意力机制的变体,旨在增强模型的表达能力和泛化能力。它通过使用多个独立的注意力头,分别计算注意力权重,并将它们的结果进行拼接或加权求和,从而获得更丰富的注意力表示。

近年来，注意力机制又衍生出了一些相关模型，Transformer 模型就是其典型代表。Transformer 模型是一种基于注意力机制的全新架构，这种架构在每个 Encoder 和 Decoder 中均采用注意力机制，特别是在 Encoder 模块，传统的循环神经网络完全用注意力机制替代，从而在机器翻译中取得了优异的成绩，引起了极大的关注。随后，研究人员把 Transformer 应用到端到端的语音识别系统中，其语音识别效果也得到了明显地改善。

Transformer 建立语音特征与识别结果之间的序列对应关系时，其内部结构包含多组 Encoder 和 Decoder 模块，如图 6-20 所示。

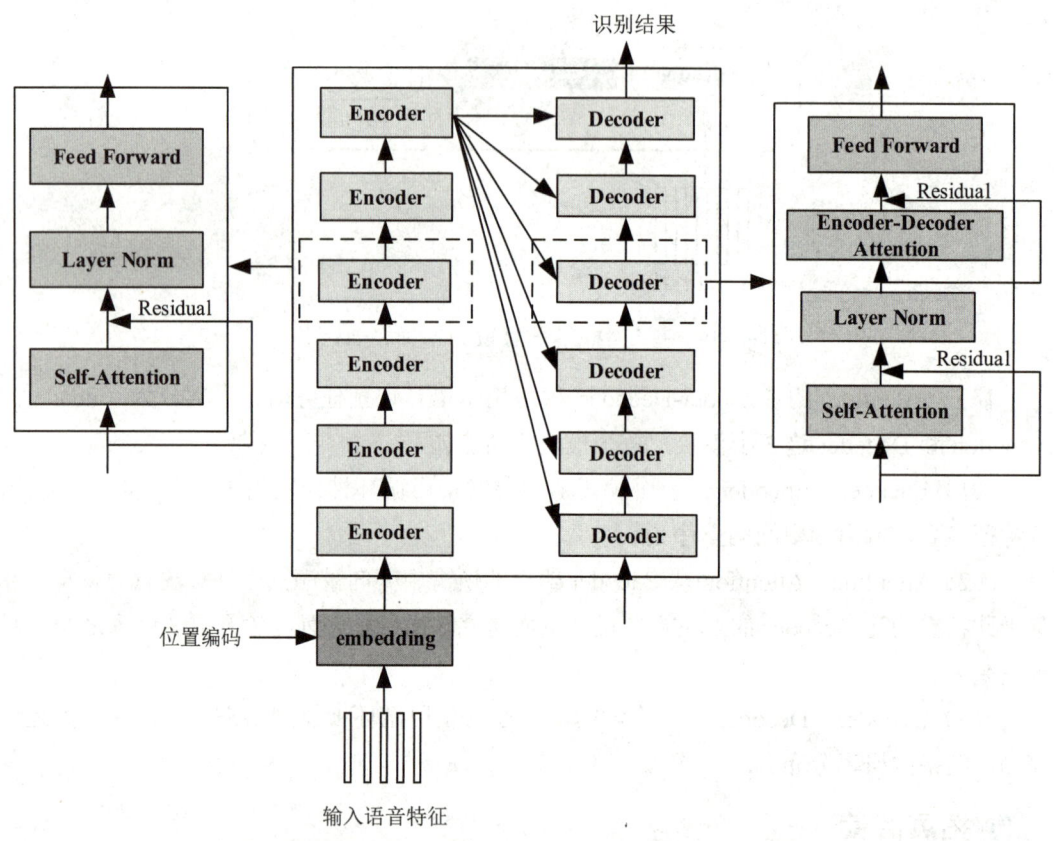

图 6-20　Transformer 的结构

Transformer 的总体结构可分为 4 个部分：输入部分、编码部分、解码部分和输出部分。输入部分包含输入语音特征和位置编码，其中位置编码可以为每个标签引入位置信息，并叠加到输入 embedding 中，使得自注意力机制能够判断不同位置的相同标签代表的含义；编码部分每一层有 3 个操作，分别是 Self-Attention、Layer Norm 和 Feed Forward；解码部分每一层有 4 个操作，分别是 Self-Attention、Layer Norm、Encoder-Decoder Attention 和 Feed Forward；输出部分用于输出识别结果。其中，在每个 Attention 层都有 Residual（残差）连接，这样可以直接将上一层的信息传递到下一层，也可以为下一层提供更多的特征信息；Layer Norm 通过对层的激活值进行归一化，可加快模型的训练速度；Feed Forward 通过在每个位置的表示上应用两个全连接层，帮助模型学习更复杂的非线性变换；每个 Decoder 都包含两级 Attention，第一级是 Self-Attention，其输入信息来自上一层 Decoder 的输出结果；第二级是 Encoder-Decoder Attention，其输入信息既有来自上一层 Decoder 的输出结果，也有来自 Encoder 的输出结果。

2. 注意力权重的编程实现

基于 Attention 的 Encoder-Decoder 模型主要包含 Encoder、Attention 和 Decoder 这 3 个模块。其中，Encoder 和 Decoder 通常使用循环神经网络来实现，而 Attention 主要用于计算 Encoder 输出的中间向量序列的注意力权重。Keras 中的 Attention 层可计算注意力权重，其语法格式如下。

```
tf.keras.layers.Attention(use_scale,dropout)
```

其中，use_scale 表示在计算注意力分数时是否使用缩放因子，取值为 True 时，将创建一个变量来缩放注意力分数；dropout 是 0 到 1 之间的浮点数，表示在计算注意力权重时是否应用 dropout 方法。

素养之窗

新一代百度 AI 语音助手在识别准确率、交互体验和声音还原等方面有了全面提升，这主要得益于百度在人工智能领域的持续创新和深耕。

百度通过深度学习技术和大规模语料库的训练，不断优化语音识别模型，使得语音助手能够更准确地理解用户的语音输入。无论是口音、语速还是背景噪声的变化，百度 AI 语音助手都能保持较高的识别准确率，为用户带来了更好的使用体验。

交互体验的提升也是新一代百度 AI 语音助手的一大亮点。百度通过引入自然语言处理技术和对话系统，使得语音助手能够更自然地与用户进行交互。此外，声音还原方面的进步也让新一代百度 AI 语音助手更加出色。百度利用先进的语音合成技术，将文本转换为逼真的人类语音，使得语音助手的声音更加自然、流畅。

项目实施——构建基于 CTC 的端到端语音识别系统

1. 数据准备

步骤1　导入本项目所需的库和模块，并设置忽略警告。

步骤2　定义变量 data_path、wavs_path 和 metadata_path，分别表示数据集路径、语音文件路径和元数据文件路径。

步骤3　读取元数据文件 "metadata.csv"（元数据文件中的不同内容已用 "|" 隔开）。

数据准备

步骤4 为元数据文件设置列名,列名分别为 file_name、transcription 和 normalized_transcription,并保留 file_name 和 normalized_transcription 两列。

步骤5 对数据进行随机抽样,并设置索引。

步骤6 显示元数据文件的前3行内容。

指点迷津

开始编写程序前,须将本书配套素材"item6/datasets"文件夹复制到当前工作目录中,也可将其放于其他盘,如果放于其他盘,读取数据文件时要指定相应路径。

【参考代码】

```python
import pandas as pd                          #导入Pandas库
import numpy as np                           #导入NumPy库
import matplotlib.pyplot as plt              #导入Matplotlib库
import tensorflow as tf                      #导入深度学习框架TensorFlow
from tensorflow import keras                 #导入Keras模块
from tensorflow.keras import layers          #导入layers模块
from jiwer import wer         #导入jiwer库,用于评估语音识别系统的性能
import warnings
warnings.filterwarnings("ignore")                    #设置忽略警告
data_path="./datasets\LJSpeech-1.1"                  #数据集路径
wavs_path=data_path+"/wavs/"                         #语音文件路径
metadata_path=data_path+"/metadata.csv"              #元数据文件路径
metadata_df=pd.read_csv(metadata_path,sep="|",header=None,
quoting=3)                                  #读取元数据文件
metadata_df.columns=["file_name","transcription",
"normalized_transcription"]                  #设置列名
metadata_df=metadata_df[["file_name","normalized_transcription"]]
                                            #保留DataFrame中的两列
metadata_df=metadata_df.sample(frac=1).reset_index(drop=True)
#对数据进行随机抽样,并设置索引,frac=1表示抽样比例为1(即全部数据)
metadata_df.head(3)                         #显示元数据文件的前3行内容
```

【运行结果】 程序运行结果如图 6-21 所示。

	file_name	normalized_transcription
0	LJ015-0285	and when these presented themselves, entrusted...
1	LJ026-0033	be either included in or excluded from either.
2	LJ006-0025	France had sent Misseurs Beaumont and De Tocqu...

图 6-21 显示元数据文件的前 3 行内容

指点迷津

jiwer 库可用于评估自动语音识别系统,它支持词错率(word error rate, WER)、匹配错误率(match error rate, MER)、字符错误率(character error rate, CER)等衡量指标。jiwer 库在使用之前需要安装,安装步骤如下。

(1)在"运行"窗口中输入命令"cmd",然后单击"确定"按钮。

(2)在弹出的窗口中输入命令"pip install jiwer",按"Enter"键即可自动安装 jiwer 库。

步骤 7 将元数据文件中表示的数据集划分为训练集与测试集,划分比例为 9∶1。

步骤 8 输出训练集与测试集的大小。

【参考代码】

```
split=int(len(metadata_df)*0.90)      #计算训练集数据量并取整
df_train=metadata_df[:split]          #获取训练集
df_val=metadata_df[split:]            #获取测试集
print(f"训练集的大小:{len(df_train)}")   #输出训练集的大小
print(f"测试集的大小:{len(df_val)}")     #输出测试集的大小
```

【运行结果】 程序运行结果如图 6-22 所示。

```
训练集的大小:11790
测试集的大小:1310
```

图 6-22 训练集与测试集的大小

步骤 9 定义一个包含小写字母(26 个)、撇号、问号、感叹号和空格的字符列表 characters。

步骤 10 创建一个 StringLookup 层,将字符列表 characters 中的字符映射为整数索引;再创建一个 StringLookup 层,将整数索引映射回原始字符,作为词汇表使用。

步骤 11 输出词汇表和词汇表的大小。

【参考代码】

```
#定义字符列表characters
characters=[x for x in "abcdefghijklmnopqrstuvwxyz'?! "]
char_to_num=keras.layers.StringLookup(vocabulary=characters,
oov_token="")                           #将字符映射为整数索引
num_to_char=keras.layers.StringLookup(vocabulary=char_to_num
.get_vocabulary(),oov_token="",invert=True)#将整数索引映射回原始字符
print(
    f"词汇表：{num_to_char.get_vocabulary()} "
    f"词汇表大小:(size={num_to_char.vocabulary_size()})"
)                                       #输出词汇表和词汇表大小
```

【运行结果】　程序运行结果如图6-23所示。

词汇表：['', 'a', 'b', 'c', 'd', 'e', 'f', 'g', 'h', 'i', 'j', 'k', 'l', 'm', 'n', 'o', 'p', 'q', 'r', 's', 't', 'u', 'v', 'w', 'x', 'y', 'z', "'", '?', '!', ' '] 词汇表大小:(size=31)

图6-23　词汇表和词汇表大小

指点迷津

keras.layers.StringLookup(vocabulary=characters, oov_token="")用于创建一个StringLookup层，该层是一个预处理层，可将字符串（或文本）转换为整数索引。其中，参数vocabulary用于指定词汇表；参数oov_token用于定义当遇到不在词汇表中的字符时应使用的默认标记，此处为空字符串。例如，假设characters=['a', 'b', 'c']，则StringLookup层可能会将'a'映射为0, 'b'映射为1, 'c'映射为2，如果遇到不在characters列表中的字符，则将其映射为空字符串。

keras.layers.StringLookup(vocabulary=char_to_num.get_vocabulary(),oov_token="",invert=True)用于创建一个逆射的StringLookup层，将整数索引转换回原始字符。其中，char_to_num.get_vocabulary()可确保使用的词汇表与正向映射的词汇表相同；invert=True表示该层执行逆操作。

步骤12　定义encode_single_sample()函数，用于处理单个语音文件，包括读取语音文件、解码语音文件、获取频谱信息、标准化处理、标签数据处理等步骤。

步骤13　读取训练数据集和测试数据集，并使用encode_single_sample()函数对语音文件进行处理。

【参考代码】

```python
#定义encode_single_sample()函数，用于处理语音文件
def encode_single_sample(wav_file,label):
    file=tf.io.read_file(wavs_path+wav_file+".wav")
                                                   #读取WAV文件
    audio,_=tf.audio.decode_wav(file)              #解码WAV文件
    audio=tf.squeeze(audio,axis=-1)                #压缩语音数据的维度
    audio=tf.cast(audio,tf.float32)#将语音数据的数据类型改为浮点型
    spectrogram=tf.signal.stft(audio,frame_length=256, frame_step=160,fft_length=384)    #进行短时傅里叶变换，获取频谱信息
    #对频谱信息进行处理
    spectrogram=tf.abs(spectrogram)                #取绝对值
    spectrogram=tf.math.pow(spectrogram,0.5)       #计算平方根
    #标准化处理
    means=tf.math.reduce_mean(spectrogram,1,keepdims=True)
                                                   #计算平均值
    stddevs=tf.math.reduce_std(spectrogram,1,keepdims=True)
                                                   #计算标准差
    spectrogram=(spectrogram-means)/(stddevs+1e-10)#标准化处理
    #标签数据处理
    label=tf.strings.lower(label)                  #将标签转换为小写
    label=tf.strings.unicode_split(label,input_encoding="UTF-8")    #分割标签
    label=char_to_num(label)                       #将标签中的字符映射为整数索引
    return spectrogram,label
batch_size=32                                      #设置批处理的大小
#定义训练数据集
train_dataset=tf.data.Dataset.from_tensor_slices((list(df_train["file_name"]),list(df_train["normalized_transcription"])))
        #将元数据文件中已经处理好的两列数据转换为列表，并使用两个列表创建数据集
train_dataset=train_dataset.map(encode_single_sample,num_parallel_calls=tf.data.AUTOTUNE)   #调用自定义函数，对数据集进行处理
train_dataset=train_dataset.padded_batch(batch_size).prefetch(buffer_size=tf.data.AUTOTUNE)#按指定的批量大小将样本组合成批次并进行填充
```

```
#定义测试数据集
validation_dataset=tf.data.Dataset.from_tensor_slices((list(df_val["file_name"]),list(df_val["normalized_transcription"])))
validation_dataset=validation_dataset.map(encode_single_sample,num_parallel_calls=tf.data.AUTOTUNE)
validation_dataset=validation_dataset.padded_batch(batch_size).prefetch(buffer_size=tf.data.AUTOTUNE)
```

指点迷津

（1）tf.data.Dataset.from_tensor_slices()是 TensorFlow 中用于创建数据集的函数之一。它的作用是从一个或多个张量中创建一个数据集，该函数的一般用法是"dataset=tf.data.Dataset.from_tensor_slices(tensor1,tensor2,...)"，其中，tensor1、tensor2 表示张量，可以是数组、列表、矩阵等。

（2）map(encode_single_sample,num_parallel_calls=tf.data.AUTOTUNE)用于在数据集的每个样本上使用 encode_single_sample()函数处理数据。其中，num_parallel_calls 参数用于指定并行调用 encode_single_sample()函数的数量，取值 tf.data.AUTOTUNE 表示自动选择适当的并行级别，以最大化性能。

（3）在 TensorFlow 中，padded_batch()和 prefetch()是两个常用的改善数据管道性能的方法。padded_batch()方法用于将多个样本组合成一个批次，并对批次中的每个张量进行填充，以确保所有样本在批次中具有相同的形状。prefetch()方法用于异步地预取数据，使得当模型正在处理一个批次时，下一个批次的数据已经准备完成。这样做的目的是减少等待时间，使得数据加载和模型训练能够并行进行，从而提高整体性能。

步骤 14 绘制训练数据集中第一个样本的频谱图和波形图。

【参考代码】

```
plt.rcParams['font.sans-serif']=['YouYuan']      #正常显示中文
fig=plt.figure(figsize=(8,5))                     #创建绘图对象
#遍历训练数据集的第一个批次
for batch in train_dataset.take(1):
    spectrogram=batch[0][0].numpy() #将第一个样本的频谱信息转换为数组
    spectrogram=np.array([np.trim_zeros(x) for x in np.transpose(spectrogram)])        #去除频谱信息中的零值列
    #绘制频谱图
    ax=plt.subplot(2,1,1)                        #创建子图 1
    ax.imshow(spectrogram,vmax=1)                #显示频谱图
```

```
        ax.set_title("第一个样本的频谱图")        #设置标题
        ax.axis("off")                           #关闭坐标轴显示
        #绘制波形图
        file=tf.io.read_file(wavs_path+list(df_train["file_name"
])[0]+".wav")                                    #读取语音文件
        audio,_=tf.audio.decode_wav(file)        #解码语音文件
        audio=audio.numpy()                      #转换为NumPy数组
        ax=plt.subplot(2,1,2)                    #创建子图2
        plt.plot(audio)                          #绘制波形图
        ax.set_title("第一个样本的波形图")        #设置标题
        ax.set_xlim(0,len(audio))                #设置x轴范围
plt.show()                                       #显示图形
```

【运行结果】 程序运行结果如图6-24所示。

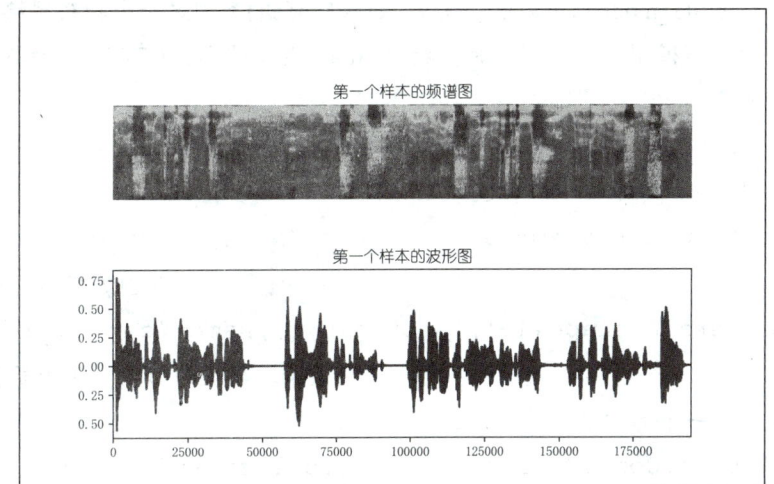

图6-24　训练集中第一个样本的频谱图和波形图

构建模型

2. 构建模型

步骤1 定义CTC损失函数，用于模型的训练。

【参考代码】

```
def CTCLoss(y_true,y_pred):
    #计算训练时的损失值
    batch_len=tf.cast(tf.shape(y_true)[0],dtype="int64")
                                                 #获取批次的大小
```

```
        input_length=tf.cast(tf.shape(y_pred)[1],dtype="int64")
                                    #获取预测序列长度
        label_length=tf.cast(tf.shape(y_true)[1],dtype="int64")
                                    #获取标签序列长度
        input_length=input_length*tf.ones(shape=(batch_len,1),
dtype="int64")
        label_length=label_length*tf.ones(shape=(batch_len,1),
dtype="int64")
        loss=keras.backend.ctc_batch_cost(y_true,y_pred,
input_length,label_length)              #计算损失值
        return loss
```

步骤2 定义build_model()函数,用于构建深度神经网络模型,该模型包含输入层、卷积层、GRU层(门控循环单元层,是循环神经网络的一种变体)、全连接层和输出层。

步骤3 在build_model()函数中,使用keras.Model()类创建一个神经网络模型并使用compile()函数编译该模型,编译模型时,指定Adam为优化器,CTCLoss为损失函数。

【参考代码】

```
    def build_model(input_dim,output_dim,rnn_layers=5,
rnn_units=128):
        input_spectrogram=layers.Input((None,input_dim),
name="input")                           #创建模型的输入层
        x=layers.Reshape((-1,input_dim,1),name="expand_dim")
(input_spectrogram)            #重塑输入数据的形状,便于卷积层使用
        #定义第一个卷积层
        x=layers.Conv2D(filters=32,kernel_size=[11,41],
strides=[2,2],padding="same",use_bias=False,name="conv_1",)(x)
        x=layers.BatchNormalization(name="conv_1_bn")(x)
                    #对卷积层的输出进行归一化处理,以改善神经网络的性能
        x=layers.ReLU(name="conv_1_relu")(x)     #使用ReLU激活函数
        #定义第二个卷积层
        x=layers.Conv2D(filters=32,kernel_size=[11,21],
strides=[1,2],padding="same",use_bias=False,name="conv_2",)(x)
        x=layers.BatchNormalization(name="conv_2_bn")(x)
        x=layers.ReLU(name="conv_2_relu")(x)
        x=layers.Reshape((-1,x.shape[-2]*x.shape[-1]))(x)
```

```
#定义GRU层
for i in range(1,rnn_layers+1):
    recurrent=layers.GRU(units=rnn_units,activation="tanh",recurrent_activation="sigmoid",use_bias=True,return_sequences=True,reset_after=True,name=f"gru_{i}",)
    x=layers.Bidirectional(recurrent,name=f"bidirectional_{i}", merge_mode="concat")(x)    #返回新的双向RNN层,提高模型的性能
    if i<rnn_layers:
        x=layers.Dropout(rate=0.5)(x)
#定义全连接层
x=layers.Dense(units=rnn_units*2,name="dense_1")(x)
x=layers.ReLU(name="dense_1_relu")(x)
x=layers.Dropout(rate=0.5)(x)
#定义输出层
output=layers.Dense(units=output_dim+1,activation="softmax")(x)
#创建并编译神经网络模型
model=keras.Model(input_spectrogram,output,name="DeepSpeech_2")
                                                              #创建模型
opt=keras.optimizers.Adam(learning_rate=0.0001)#定义优化器
model.compile(optimizer=opt,loss=CTCLoss)      #编译模型
return model
```

步骤4 调用build_model()函数,构建具有特定结构的神经网络模型。

步骤5 使用summary()函数输出模型的参数信息。

【参考代码】

```
model=build_model(
    input_dim=384//2+1,          #输入维度为fft_length的一半加1
                    #(fft_length的值在处理语音文件时被赋值为384)
    output_dim=char_to_num.vocabulary_size(),
                    #输出维度为词汇表大小
    rnn_units=512,               #GRU单元数为512
)
model.summary(line_length=110)   #输出模型的参数信息
```

【运行结果】　程序运行结果如图6-25所示。

```
Model: "DeepSpeech_2"
Layer (type)                    Output Shape              Param #
input (InputLayer)              [(None, None, 193)]       0
expand_dim (Reshape)            (None, None, 193, 1)      0
conv_1 (Conv2D)                 (None, None, 97, 32)      14432
conv_1_bn (BatchNormalization)  (None, None, 97, 32)      128
conv_1_relu (ReLU)              (None, None, 97, 32)      0
conv_2 (Conv2D)                 (None, None, 49, 32)      236544
conv_2_bn (BatchNormalization)  (None, None, 49, 32)      128
conv_2_relu (ReLU)              (None, None, 49, 32)      0
reshape_2 (Reshape)             (None, None, 1568)        0
bidirectional_1 (Bidirectional) (None, None, 1024)        6395904
dropout_10 (Dropout)            (None, None, 1024)        0
bidirectional_2 (Bidirectional) (None, None, 1024)        4724736
dropout_11 (Dropout)            (None, None, 1024)        0
bidirectional_3 (Bidirectional) (None, None, 1024)        4724736
dropout_12 (Dropout)            (None, None, 1024)        0
bidirectional_4 (Bidirectional) (None, None, 1024)        4724736
dropout_13 (Dropout)            (None, None, 1024)        0
bidirectional_5 (Bidirectional) (None, None, 1024)        4724736
dense_1 (Dense)                 (None, None, 1024)        1049600
dense_1_relu (ReLU)             (None, None, 1024)        0
dropout_14 (Dropout)            (None, None, 1024)        0
dense_2 (Dense)                 (None, None, 32)          32800

Total params: 26628480 (101.58 MB)
Trainable params: 26628352 (101.58 MB)
Non-trainable params: 128 (512.00 Byte)
```

图6-25　模型的参数信息

3. 模型训练与评估

步骤1　定义解码函数 decode_batch_predictions()，通过贪心搜索解码算法进行解码。

模型训练与评估

【参考代码】

```
def decode_batch_predictions(pred):
    input_len=np.ones(pred.shape[0])*pred.shape[1]
                                    #初始化输入序列长度
    results=keras.backend.ctc_decode(pred,input_length=input_len,greedy=True)[0][0]
        #使用贪心搜索解码算法对预测结果进行解码,得到字符对应的整数序列
        #遍历解码结果并获取整数序列对应的文本
    output_text=[]
    for result in results:
        result=tf.strings.reduce_join(num_to_char(result)).numpy().decode("utf-8")     #将整数序列转换为对应的文本
        output_text.append(result)
    return output_text
```

步骤2 定义 CallbackEval 类,用于在模型训练过程中输出一些信息。

【参考代码】

```
class CallbackEval(keras.callbacks.Callback):
    def __init__(self,dataset):
        super().__init__()
        self.dataset=dataset
    #在每个训练周期结束后调用,用于评估模型的性能
    def on_epoch_end(self,epoch: int, logs=None):
        predictions=[]       #用于保存模型对测试数据的预测结果
        targets=[]           #用于保存测试数据的真实标签
        #遍历测试数据集并获取预测结果和真实标签
        for batch in self.dataset:
            X,y=batch
            batch_predictions=model.predict(X)   #使用模型进行预测
            batch_predictions=decode_batch_predictions(batch_predictions)          #对模型预测结果进行解码
            predictions.extend(batch_predictions)
                         #将解码后的预测结果添加到预测列表中
            for label in y:
                label=tf.strings.reduce_join(num_to_char(label)).numpy().decode("utf-8")    #将整数序列转换为字符序列
```

```
            targets.append(label)     #将真实标签添加到目标列表中
wer_score=wer(targets,predictions)    #计算词错误率
print("-" * 100)
print(f"词错误率:{wer_score:.4f}")
print("-" * 100)
#随机选择两个样本进行输出
for i in np.random.randint(0,len(predictions),2):
    print(f"真实标签: {targets[i]}")
    print(f"预测结果: {predictions[i]}")
    print("-" * 100)
```

步骤3 定义模型的训练次数（训练周期），并使用 model.fit()函数训练模型。在训练过程中，使用 CallbackEval 类来检查模型的内部状态，然后随机输出两个样本的真实标签和预测结果。

【参考代码】

```
epochs=1                                           #定义模型的训练次数
validation_callback=CallbackEval(validation_dataset)
history=model.fit(train_dataset,validation_data=validation_dataset,epochs=epochs,callbacks=[validation_callback],)  #训练模型
```

【运行结果】 程序运行结果如图 6-26 所示。可见，模型的词错误率很高，这是因为训练次数（epochs）太少所致。在实际训练中，训练次数至少应设置为 50 次，在 50 次训练之后，模型的词错误率大概是 16%～17%。本项目所构建的模型较大，参数较多，故对设备的要求较高，最好使用 GPU 进行训练，若使用普通计算机来训练，则训练时间会延长，甚至报错。

```
1/1 [==============================] - 15s 15s/step
1/1 [==============================] - 14s 14s/step
1/1 [==============================] - 14s 14s/step
1/1 [==============================] - 13s 13s/step
1/1 [==============================] - 15s 15s/step
1/1 [==============================] - 15s 15s/step
1/1 [==============================] - 14s 14s/step
1/1 [==============================] - 15s 15s/step
1/1 [==============================] - 15s 15s/step
1/1 [==============================] - 15s 15s/step
1/1 [==============================] - 13s 13s/step
1/1 [==============================] - 15s 15s/step
词错误率:1.0000
真实标签: the lately smirking footmen close their eyes and forget their liveries the ordinary clasps his hands the turnkeys cry 'hush!'
预测结果: n
真实标签: declared that they were not prepared to agree to the resolution respecting private executions
预测结果: rs
369/369 [==============================] - 7787s 211s/step - loss: 297.7226 - val_loss: 294.8973
```

图 6-26 模型训练过程与预测结果

项目 6　构建语音识别系统

项目实训

1. 实训目的

（1）掌握连接时序分类模型的构建方法。

（2）掌握连接时序分类模型的训练方法。

（3）掌握连接时序分类模型的解码方法。

2. 实训内容

现有一个语音文件"audiom.wav"，其对应的标签文本是"made certain recommendations which it believes would if adopted"。请使用连接时序分类模型对该语音文件进行训练，实现端到端的语音识别。提示：语音文件"audiom.wav"和标签文件"label.txt"均存放于本书配套素材"item6/itemsx"文件夹中。

（1）启动 Jupyter Notebook，以 Python 3 工作方式新建 Jupyter Notebook 文档，并重命名为"item6-sx.ipynb"。

（2）语音数据准备。

① 导入本实训需要的库和模块，并设置忽略警告。

② 定义 3 个常量，分别表示空格、空格的索引值、字母"a"的 ASCII 码值减 1。

③ 定义两个变量，分别表示语音文件的路径和标签文件的路径。

④ 使用 SciPy 库中的 wavfile 模块读取语音文件"audiom.wav"。

⑤ 使用 python_speech_features 库中的 mfcc() 函数提取语音文件的特征。

⑥ 对语音特征进行标准化处理并输出。

（3）标签数据准备。

① 读取标签文件的内容。

② 对标签文件中的文本进行删除空白字符、转换为小写字母、删除字符串中的句号等处理，并输出处理后的标签字符串。

③ 将标签字符串中的每个空格替换为两个空格，并输出替换后的字符串。

④ 将字符串按空格进行拆分，得到字符串列表。

⑤ 将字符串列表处理为字符列表，并添加空标签。

⑥ 将字符列表转换为索引列表并为索引列表添加一个维度，转换为二维索引列表。

⑦ 输出处理完成的字符列表和索引列表。

（4）构建模型。

① 定义构建模型需要的参数 num_features、num_layers、num_units、num_classes 和 initial_learning_rate，分别表示输入特征的数量（初始化为 13）、神经网络隐藏层的层数（初

169

始化为 1）、神经网络隐藏层的神经元数量（初始化为 50）、标签字符的类别数量（初始化为 ord('z')-ord('a')+1+1+1）和初始学习率（初始化为 0.01）。

② 定义损失函数，用于计算模型训练过程中的损失值。

③ 定义 build_model() 函数，用于构建由输入层、长短期记忆层和输出层组成的模型。

提示：编译模型时使用 Adam 优化器。

④ 调用 build_model() 函数，构建神经网络模型。

⑤ 输出神经网络模型的参数信息。

（5）训练模型。

① 定义两个变量，分别表示模型的训练次数（初始化为 1 000 次）和批处理大小（初始化为 1）。

② 训练模型 1 000 次，每次训练结束后输出训练次数、损失值、所用时间等信息。

（6）解码预测。

① 使用训练完成的模型对训练数据进行预测，得到预测结果。

② 使用贪心搜索解码算法对预测结果进行解码，得到字符的索引列表。

③ 将字符的索引列表转换为相应的字符，进而转换为字符串。

④ 删除字符串中的空字符和字符"`"（ASCII 码表中字母"a"的前一个字符）。

⑤ 输出原始标签文本和识别文本。

3．实训小结

按要求完成实训内容，并将实训过程中遇到的问题和解决办法记录在表 6-1 中。

表 6-1　实训过程

序　号	主要问题	解决办法

项目 6　构建语音识别系统

项目总结

完成本项目的学习与实践后，请总结应掌握的重点内容，并将图6-27的空白处填写完整。

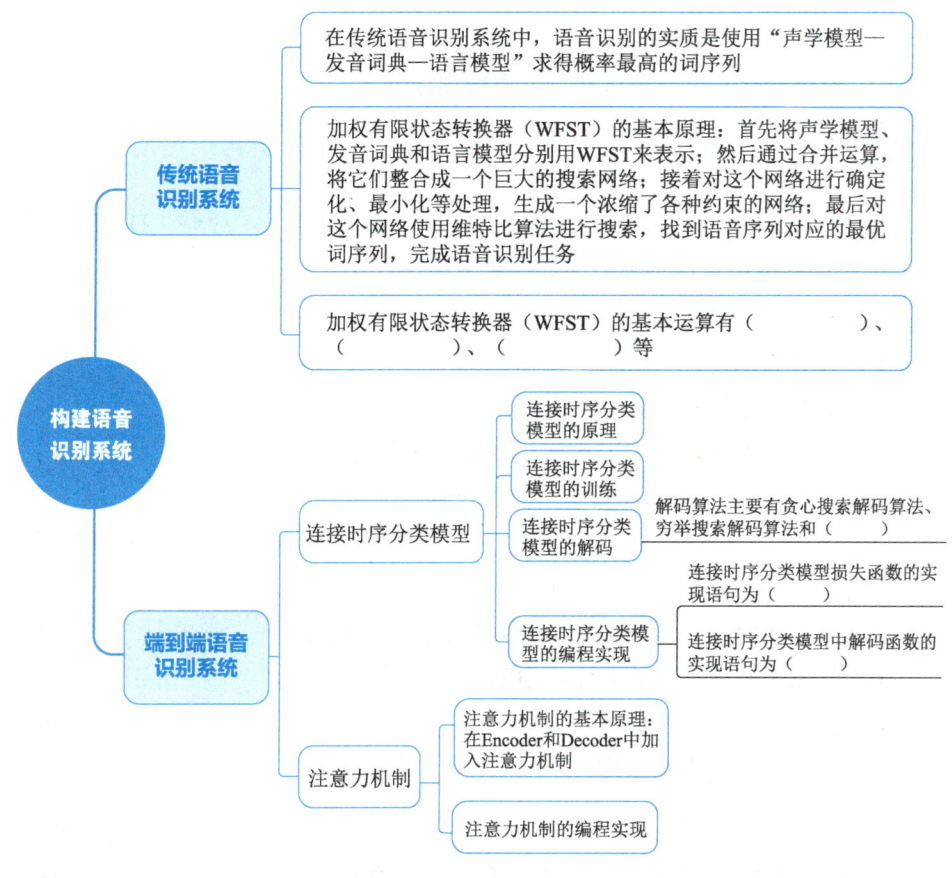

图6-27　项目总结

项目考核

1. 选择题

（1）端到端语音识别模型是指（　　）。

  A．将语音信号转换为文字的模型

  B．将文字转换为语音信号的模型

  C．对语音信号进行分析和特征提取的模型

  D．对文字进行分析和特征提取的模型

（2）WFST 算法通常用于语音识别中的（　　）阶段。

  A．特征提取　　　B．特征匹配　　　C．解码　　　D．后处理

（3）训练端到端语音识别模型的数据集中通常包含（　　）。

  A．语音信号数据

  B．文字数据

  C．语音信号数据和对应的文字标签

  D．语音信号数据、文字数据和语义标签数据

（4）加权有限状态转换器的基本运算不包含（　　）。

  A．合并　　　B．最小化　　　C．确定化　　　D．最大化

（5）注意力机制的目的是（　　）。

  A．在每个时间步给予模型一个固定的注意力权重

  B．动态调整模型对输入序列中不同部分的关注程度

  C．减少模型的参数量

  D．提高模型的训练速度

2. 填空题

（1）在传统语音识别系统中，语音识别的实质是使用"＿＿＿＿"求得概率最高的词序列。

（2）连接时序分类模型增加了＿＿＿＿标签，用于预测"停顿"的语音序列。

（3）＿＿＿＿是一种用于处理序列数据的机制，可以根据输入的序列信息，动态地调整模型对不同位置的关注程度。

3. 简答题

（1）什么是端到端语音识别？

（2）连接时序分类模型的解码算法主要有哪几种？

（3）什么是注意力机制？

项目评价

结合本项目的学习情况，完成项目评价并将评价结果填入表6-2中。

表6-2 项目评价

评价项目	评价内容	评价分数			
		分值	自评	互评	师评
项目完成度评价（20%）	项目准备阶段，回答问题是否清晰准确，能够紧扣主题，没有明显错误	5分			
	项目实施阶段，是否能够根据操作步骤完成本项目	5分			
	项目实训阶段，是否能够出色完成实训内容	5分			
	项目总结阶段，是否能够正确地将项目总结的空白信息补充完整	2分			
	项目考核阶段，是否能够正确地完成考核题目	3分			
知识评价（30%）	是否理解加权有限状态转换器的解码原理	5分			
	是否理解端到端语音识别系统的工作流程	5分			
	是否掌握连接时序分类模型的基本原理和训练方法	8分			
	是否掌握连接时序分类模型的解码算法	7分			
	是否了解注意力机制的基本原理和注意力权重的编程实现方法	5分			
技能评价（30%）	是否能够编写程序，对大词汇量的语音数据进行处理	10分			
	是否能够使用连接时序分类模型构建端到端的语音识别系统	20分			
素养评价（20%）	是否遵守课堂纪律，上课精神是否饱满	5分			
	是否具有自主学习意识，做好课前准备	5分			
	是否善于思考，积极参与，勇于提出问题	5分			
	是否具有团队合作精神，出色完成小组任务	5分			
合计	综合分数_____自评(25%)+互评(25%)+师评(50%)	100分			
	综合等级_____	指导老师签字_____			
综合评价	最突出的表现（创新或进步）： 还需改进的地方（不足或缺点）：				

应用篇

YING YONG PIAN

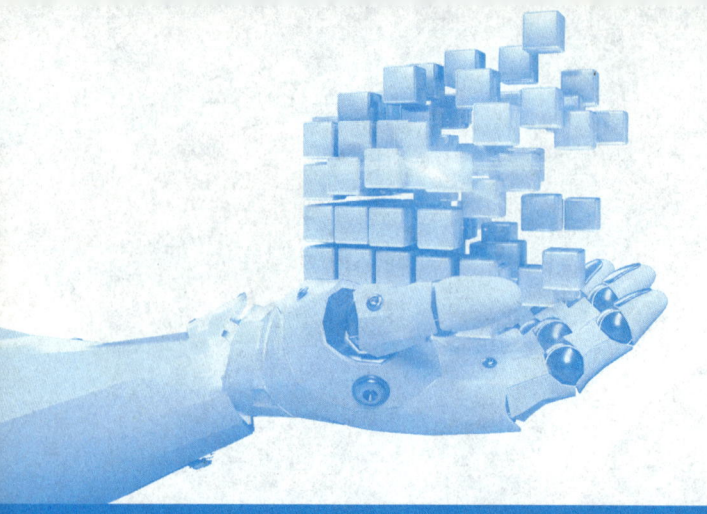

项目 7

中文普通话语音识别

项目目标

知识目标

- 掌握语音识别项目的实施流程。
- 掌握语音识别项目中语音数据和标签数据的处理方法。
- 掌握中文普通话语音识别项目中模型的构建方法。
- 进一步掌握 CTC 解码算法的使用方法。

技能目标

- 能够导入中文语音数据集,并对数据集进行处理。
- 能够编写程序,构建中文普通话的语音识别系统。
- 能够编写程序,使用 CTC 解码算法进行解码。

素养目标

- 培养勇于奋斗、乐观向上的工作态度,提高自我管理能力。
- 养成良好的学习习惯,拥有强健的体魄、健康的心理和健全的人格。

项目 7 中文普通话语音识别

项目描述

智能音箱能够流畅地使用中文与人进行交流；视频剪辑软件能够精准地识别视频中的语音信息，为视频搭配中文字幕；社交聊天工具能够快速地将输入的语音转换为中文文字，实现高效、便捷地语音输入。这些功能的实现，主要得益于中文普通话语音识别技术的发展。中文普通话语音识别技术为这些功能提供了强有力的技术支撑，使得智能设备能够更加智能化地处理中文语音信息。小斑了解到，使用现有的语音识别知识就能训练出一个中文普通话语音识别系统。于是，他开始尝试。

小斑采用的数据集是中文语音数据集（见本书配套素材"item7/data_thchs30"），该数据集由 1 000 多个语音片段组成，这些语音片段的内容包含新闻、广播、科技等多种主题。此外，该数据集还提供了一个标签数据文件"data.txt"，该文件介绍了每个语音片段对应的拼音和中文文字，部分内容如图 7-1 所示。小斑打算使用该数据集训练一个中文普通话语音识别模型，并使用该模型进行中文普通话的语音识别。

```
A11_0.wav    lv4 shi4 yang2 chun1 yan1 jing3 da4 kuai4 wen2 zhang1 de di3 se4 si4 yue4 de lin2
luan2 geng4 shi4 lv4 de2 xian1 huo2 xiu4 mei4 shi1 yi4 ang4 ran2    绿是阳春烟景大块文章的
底色四月的林峦更是绿得鲜活秀媚诗意盎然
A11_1.wav    ta1 jin3 ping2 yao1 bu4 de li4 liang4 zai4 yong3 dao4 shang4 xia4 fan1 teng2 yong3
dong4 she2 xing2 zhuang4 ru2 hai3 tun2 yi4 zhi2 yi3 yi1 tou2 de you1 shi4 ling3 xian1    他 仅 凭
腰部的力量在泳道上下翻腾蜿动蛇行状如海豚一直以一头的优势领先
```

图 7-1　标签数据文件"data.txt"的部分内容

项目分析

按照项目要求，中文普通话语音识别的具体步骤分解如下。

第 1 步：数据准备。定义 source_get()函数，并使用该函数获取语音文件的路径列表。

第 2 步：标签数据处理。读取标签数据文件的内容，并创建词汇表。

第 3 步：语音数据处理。定义一个数据生成器，用于从语音数据集中批量获取数据，然后提取每批数据的语音特征，并对语音数据和标签数据进行填充。

第 4 步：构建模型。构建一个基于卷积神经网络的连接时序分类模型，并输出该模型的参数信息。

第 5 步：训练模型。设置模型的训练次数，然后对模型进行训练。在每次训练模型的过程中，先批量生成训练数据，再使用该批数据训练模型，然后输出训练信息。模型训练完成后，保存其权重信息到"res.h5"文件中。

语音识别技术及应用

第6步：解码预测。使用训练好的模型和解码函数对语音数据进行识别，然后使用语言模型对识别结果进行规整，输出最终的识别结果。

项目准备

全班学生以3~5人为一组进行分组，各组选出组长，组长组织组员扫码观看"语音识别相关技术——语音合成"视频，讨论并回答下列问题。

问题1：什么是语音合成？

问题2：请简述语音合成的一般过程。

语音识别相关技术
——语音合成

问题3：语音合成的主要方法有哪些？

项目实施 ——中文普通话语音识别

1. 数据准备

步骤1 导入数据处理部分所需的库和模块，并设置忽略警告。

步骤2 定义source_get()函数，用于从指定的源文件目录中获取语音文件的路径列表。

步骤3 调用source_get()函数，获取语音文件的路径列表。

步骤4 输出语音文件的路径列表。

数据准备

指点迷津

开始编写程序前，须将本书配套素材"item7/data_thchs30"文件夹复制到当前工作目录中，也可将其放于其他盘，如果放于其他盘，读取数据文件时要指定相应路径。

【参考代码】

```python
import numpy as np                          #导入NumPy库
import scipy.io.wavfile as wav              #导入wavfile模块
from scipy.fftpack import fft               #导入FFT函数
import os                                   #导入os模块
import warnings
warnings.filterwarnings("ignore")           #设置忽略警告
def source_get(source_file):
    train_file=source_file + '/data' #拼接路径，得到训练文件目录
    wav_lst=[]                  #定义列表，用于存放语音文件的路径
    for root,dirs,files in os.walk(train_file):
                                #遍历训练文件目录下的所有文件和子目录
        for file in files:
            if file.endswith('.wav') or file.endswith('.WAV'):
                                #判断是否为".wav"格式文件
                wav_file=os.sep.join([root,file])
                                #拼接得到完整的语音文件路径
                wav_lst.append(wav_file)#将语音文件路径添加到列表中
    return wav_lst
source_file='data_thchs30'
wav_list=source_get(source_file)  #调用函数，获取语音文件的路径列表
#输出语音文件的路径列表
for s in wav_list:
    print(s)
```

【运行结果】 程序运行结果（部分）如图7-2所示。

```
data_thchs30/data\A11_0.wav
data_thchs30/data\A11_1.wav
data_thchs30/data\A11_10.wav
data_thchs30/data\A11_100.wav
data_thchs30/data\A11_101.wav
data_thchs30/data\A11_102.wav
data_thchs30/data\A11_103.wav
data_thchs30/data\A11_104.wav
data_thchs30/data\A11_105.wav
data_thchs30/data\A11_106.wav
data_thchs30/data\A11_107.wav
data_thchs30/data\A11_108.wav
data_thchs30/data\A11_109.wav
data_thchs30/data\A11_11.wav
data_thchs30/data\A11_110.wav
data_thchs30/data\A11_111.wav
data_thchs30/data\A11_112.wav
data_thchs30/data\A11_113.wav
data_thchs30/data\A11_114.wav
```

图7-2 语音文件的路径列表（部分）

指点迷津

os.walk()函数用于遍历一个目录及其所有子目录，并可生成一个包含每个目录路径、该目录下所有文件夹的名称和该目录下所有文件名称的迭代器。

2. 标签数据处理

标签数据处理

步骤1　定义 mk_vocab()函数，用于创建词汇表（词汇表中需添加一个特殊标记"_"，表示空白字符）。

步骤2　定义 word2id()函数，用于返回词汇表中的词对应的索引列表。

步骤3　定义列表 wav_lst 和 pin_lst，分别用于存放语音文件名称和每个语音文件对应汉字的拼音。

步骤4　打开标签数据文件"data.txt"，并读取文件内容。

步骤5　提取每个语音文件的名称、拼音和汉字。

步骤6　调用 mk_vocab()函数，创建词汇表，并使用 len()函数计算词汇表大小。

步骤7　输出词汇表大小和词汇表。

【参考代码】

```
def mk_vocab(label_data):
    vocab=[]                          #定义列表，用于存放词汇表中的词汇
    for line in label_data:
        for pny in line:
            if pny not in vocab:
                vocab.append(pny)     #将词添加到词汇表中
    vocab.append('_')                 #添加特殊标记"_"，表示空白字符
    return vocab
#定义 word2id()函数，用于返回词汇表中的词对应的索引列表
def word2id(line,vocab):
    return [vocab.index(pny) for pny in line]
wav_lst=[]              #定义列表，用于存放语音文件的名称
pin_lst=[]              #定义列表，用于存放每个语音文件对应汉字的拼音
with open('data_thchs30/data.txt','r', encoding='utf-8') as f:
    data=f.readlines()  #读取标签文件内容
    for line in data:
        wav_file,pin,han=line.split('\t')
        #wav_file、pin 和 han 分别表示语音文件名称、语音文件对应的拼音和汉字
```

```
        wav_lst.append(wav_file)
        pin_lst.append(pin.split(' '))
#创建词汇表并计算词汇表大小
vocab=mk_vocab(pin_lst)
vocab_size=len(vocab)
print("词汇表大小: ",vocab_size)
print("词汇表: ",vocab)
```

【运行结果】 程序运行结果如图7-3所示。

```
词汇表大小: 1072
词汇表: ['lv4', 'shi4', 'yang2', 'chun1', 'yan1', 'jing3', 'da4', 'kuai4', 'wen2', 'zhang1', 'de', 'di3', 'se4',
'si4', 'yue4', 'lin2', 'luan2', 'geng4', 'de2', ……, 'chuang3', 'man2', 'nang2', 'qin3', 'chui2', 'zhai2', 'wa4',
'chuan3', 'ke2', 'sou4', 'dei3', 'pei1', 'lang1', 'qin4', 'jia2', 'leng4', 'hen2', '_']
```

图7-3 词汇表大小和词汇表

3. 语音数据处理

步骤1 定义compute_fbank()函数，用于提取语音特征。

【参考代码】

```
def compute_fbank(file):
    #读取语音文件
    fs,wavsignal=wav.read(file)
    wav_arr=np.array(wavsignal)
                    #将语音数据转换为NumPy数组,确保数据为浮点数
    #定义汉明窗
    x=np.linspace(0,399,400,dtype=np.int64)
                    #生成一个从0到399的线性间隔数组
    N=400           #设置汉明窗的窗口大小
    hamming_window=0.54-0.46*np.cos(2*np.pi*(x)/(N-1))
                    #计算汉明窗
    #计算要处理的窗口数量
    time_window=25   #设置时间窗口大小为25毫秒
    range0_end=int(len(wavsignal)/fs*1000-time_window)//10
    #初始化存储数据的数组
    data_line=np.zeros((1,400))
                    #初始化一个数组,用于存储每个窗口的时域数据
```

```
        data_input=np.zeros((range0_end,200))
                              #初始化一个数组，用于存储频率特征数据
    #处理语音数据
    for i in range(0,range0_end):
        p_start=i*160                     #计算当前窗口的起始索引
        p_end=p_start+400                 #计算当前窗口的结束索引
        data_line=wav_arr[p_start:p_end]  #提取当前窗口的数据
        data_line=data_line*hamming_window #加汉明窗
        data_input[i]=np.abs(fft(data_line))[0:200]
                          #对加窗后的数据进行快速傅里叶变换并取绝对值
    data_input=np.log(data_input+1)       #进行取对数操作
    return data_input
```

步骤2 定义 wav_padding() 函数，该函数的参数是一个语音数据列表，它可以对语音数据进行填充，将每个语音数据的长度调整为最长语音数据的长度，并返回填充后的语音数据和对应的长度。

【参考代码】

```
    def wav_padding(wav_data_lst):
        wav_lens=[len(data) for data in wav_data_lst]
                                          #计算每个语音数据的长度
        wav_max_len=max(wav_lens)         #获取语音数据的最大长度
        wav_lens=np.array([leng//8 for leng in wav_lens])
        new_wav_data_lst=np.zeros((len(wav_data_lst),wav_max_len,
200,1))                                   #初始化新的语音数据填充列表
        for i in range(len(wav_data_lst)):
            new_wav_data_lst[i,:wav_data_lst[i].shape[0],:,0]=
wav_data_lst[i]                           #填充语音数据
        return new_wav_data_lst,wav_lens
                          #返回填充后的语音数据和对应的长度
```

步骤3 定义 label_padding() 函数，该函数的参数是一个标签数据列表，它可以对标签数据进行填充，将每个标签数据的长度调整为最长标签数据的长度，并返回填充后的标签数据和对应的长度。

【参考代码】

```
    def label_padding(label_data_lst):
        label_lens=np.array([len(label) for label in label_data_lst])
                                          #计算每个标签数据的长度
```

项目 7 中文普通话语音识别

```
        max_label_len=max(label_lens)    #获取标签数据的最大长度
        new_label_data_lst=np.zeros((len(label_data_lst),
max_label_len))                          #初始化新的标签数据填充列表
        for i in range(len(label_data_lst)):
            new_label_data_lst[i][:len(label_data_lst[i])]=
label_data_lst[i]                        #填充标签数据
        return new_label_data_lst,label_lens
                                         #返回填充后的标签数据和对应的长度
```

步骤 4 定义 data_generator()函数，用于构建数据生成器，以字典的形式生成模型训练所需的小批量输入数据，并初始化模型输出数据字典。

【参考代码】

```
    def data_generator(batch_size,wav_lst,pin_lst,vocab):
        '''
        参数 batch_size 表示训练模型时每个小批量数据的样本数量
        参数 wav_lst 表示语音文件名称列表
        参数 pin_lst 表示拼音列表
        参数 vocab 表示词汇表
        '''
        _list=[i for i in range(len(wav_lst))]
                                         #创建一个与wav_lst同等长度的索引列表
        for i in range(len(wav_lst)//batch_size):
                                         #遍历所有样本，每次取一个小批量数据
            wav_data_lst=[]              #定义列表，用于存放语音特征数据
            label_data_lst=[]            #定义列表，用于存放标签数据
            begin=i*batch_size           #计算批次开始的索引
            end=begin+batch_size         #计算批次结束的索引
            sub_list=_list[begin:end]    #获取子列表
            for index in sub_list:
                fbank=compute_fbank("data_thchs30/data/"+
wav_lst[index])                 #调用自定义函数，提取语音特征
                pad_fbank=np.zeros((fbank.shape[0]//8*8+8,
fbank.shape[1]))                #初始化一个数组，用于存放填充后的语音特征数据
                pad_fbank[:fbank.shape[0],:]=fbank   #填充语音特征数据
                wav_data_lst.append(pad_fbank)
```

183

```
                label=word2id(pin_lst[index],vocab)
                            #调用自定义函数，将标签数据转换为对应的索引
                label_data_lst.append(label)
            #所有数据收集完毕后，对每批数量进行填充
            pad_wav_data,input_length=wav_padding(wav_data_lst)
                            #调用自定义函数，对语音数据进行填充
            pad_label_data,label_length=label_padding(label_data_lst)
                            #调用自定义函数，对标签数据进行填充
            inputs={'the_inputs': pad_wav_data,      #输入语音数据
                    'the_labels': pad_label_data,    #输入标签数据
                    'input_length': input_length,    #语音数据的长度
                    'label_length': label_length,    #标签数据的长度
                    }
            outputs={'ctc': np.zeros(pad_wav_data.shape[0],)}
                                    #初始化模型输出数据字典
            yield inputs,outputs
```

4. 构建模型

步骤1 导入构建模型需要的库和模块。

步骤2 定义 conv2d()函数、norm()函数、maxpool()函数、dense()函数和 cnn_cell()函数，分别用于创建卷积层、批量标准化层、最大池化层、全连接层和卷积神经网络中的多个层组成的"单元"。

步骤3 定义 CTC 损失函数 ctc_lambda()。

构建模型

【参考代码】
```
import keras                                         #导入Keras库
from keras.layers import Input,Conv2D,BatchNormalization,
MaxPooling2D,Reshape,Dense,Lambda,Dropout   #导入Keras中的各种层
from keras.optimizers import Adam              #导入Adam优化器
from keras import backend as K                 #导入Keras的后端模块
from keras.models import Model                 #导入Keras中的Model类
#定义conv2d()函数，用于创建卷积层
def conv2d(size):
    return Conv2D(size,(3,3),use_bias=True,activation='relu',
padding='same',kernel_initializer='he_normal')
```

```
#定义norm()函数，用于创建批量标准化层
def norm(x):
    return BatchNormalization(axis=-1)(x)
#定义maxpool()函数，用于创建最大池化层
def maxpool(x):
    return MaxPooling2D(pool_size=(2,2),strides=None,padding="valid")(x)
#定义dense()函数，用于创建全连接层
def dense(units,activation="relu"):
    return Dense(units,activation=activation,use_bias=True,
        kernel_initializer='he_normal')
#定义cnn_cell()函数，用于创建卷积神经网络中的多个层组成的"单元"
def cnn_cell(size,x,pool=True):
    x=norm(conv2d(size)(x))         #使用卷积层和批量标准化层
    x=norm(conv2d(size)(x))
    if pool:
        x=maxpool(x)                #如果需要池化，则使用最大池化层
    return x
#定义CTC损失函数
def ctc_lambda(args):
    labels,y_pred,input_length,label_length=args
                #将传入的参数拆分为标签、预测值、输入长度和标签长度
    y_pred=y_pred[:, :, :]                      #确保预测值的维度正确
    return K.ctc_batch_cost(labels,y_pred,input_length,label_length)
                                                #返回CTC损失函数的值
```

步骤4 定义Amodel类。在Amodel类中，定义类的初始化方法__init__()，用于执行初始化操作，然后定义_model_init()、_ctc_init()、opt_init()方法，分别用于构建神经网络模型、构建CTC模型、定义优化器并编译CTC模型。

步骤5 在Amodel类中，定义summary()方法，用于输出模型的参数信息。

步骤6 创建模型对象am，并输出模型的参数信息。

【参考代码】

```python
class Amodel():
    def __init__(self,vocab_size):
        self.vocab_size=vocab_size          #初始化词汇表大小
        self.learning_rate=0.0008           #初始化学习率
        self.is_training=True
        self._model_init()                  #初始化模型结构
        if self.is_training:
            self._ctc_init()
            self.opt_init()
    #定义_model_init()方法，用于构建神经网络模型
    def _model_init(self):
        self.inputs=Input(name='the_inputs',shape=(None,200,1))
                                            #添加输入层，接受语音特征数据
        self.h1=cnn_cell(32,self.inputs)    #添加多个层组成的"单元"1
        self.h2=cnn_cell(64,self.h1)        #添加多个层组成的"单元"2
        self.h3=cnn_cell(128,self.h2)       #添加多个层组成的"单元"3
        self.h4=cnn_cell(128,self.h3,pool=False)
                                            #添加多个层组成的"单元"4，不需要进行池化
        self.h5=cnn_cell(128,self.h4,pool=False)
                                            #添加多个层组成的"单元"5，不需要进行池化
        self.h6=Reshape((-1,3200))(self.h5) #添加 Reshape 层
        self.h6=Dropout(0.2)(self.h6)       #添加 Dropout 层
        self.h7=dense(256)(self.h6)         #添加全连接层1
        self.h7=Dropout(0.2)(self.h7)       #添加 Dropout 层
        self.outputs=dense(self.vocab_size,activation='softmax')(self.h7)
                                            #添加全连接层2，表示输出层
        self.model=Model(inputs=self.inputs,outputs=self.outputs)
                                            #构建神经网络模型
    #定义_ctc_init()方法，用于构建CTC模型
    def _ctc_init(self):
```

```
        self.labels=Input(name='the_labels',shape=[None],
dtype='float32')                            #定义标签数据输入层
        self.input_length=Input(name='input_length',shape=[1],
dtype='int64')                              #定义语音数据长度输入层
        self.label_length=Input(name='label_length',shape=[1],
dtype='int64')                              #定义标签数据长度输入层
        self.loss_out=Lambda(ctc_lambda,output_shape=(1,),
name='ctc')([self.labels,self.outputs,self.input_length,
self.label_length])                         #定义CTC损失函数层
        self.ctc_model=Model(inputs=[self.labels,self.inputs,
self.input_length,self.label_length],outputs=self.loss_out)
                                            #构建CTC模型
    #定义opt_init()方法,用于定义优化器并编译模型
    def opt_init(self):
        opt=Adam(learning_rate=self.learning_rate,beta_1=0.9
,beta_2=0.999,epsilon=10e-8)                #使用Adam优化器
        self.ctc_model.compile(loss={'ctc':lambda y_true, output:
output},optimizer=opt)                      #编译模型
    #定义summary()方法,用于输出模型的参数信息
    def summary(self):
        self.ctc_model.summary()
am=Amodel(vocab_size)                       #创建模型对象
am.ctc_model.summary()                      #输出模型的参数信息
```

【运行结果】 程序运行结果如图7-4所示。

```
Model: "model_1"
_____
Layer (type)                    Output Shape         Param #     Connected to
_____
the_inputs (InputLayer)         [(None, None, 200, 1)]   0        []

conv2d (Conv2D)                 (None, None, 200, 32)    320      ['the_inputs[0][0]']

batch_normalization (Batch      (None, None, 200, 32)    128      ['conv2d[0][0]']
Normalization)

conv2d_1 (Conv2D)               (None, None, 200, 32)    9248     ['batch_normalization[0][0]']

batch_normalization_1 (Bat      (None, None, 200, 32)    128      ['conv2d_1[0][0]']
chNormalization)

max_pooling2d (MaxPooling2      (None, None, 100, 32)    0        ['batch_normalization_1[0][0]'
D)                                                                ]

                                      ……

conv2d_6 (Conv2D)               (None, None, 25, 128)    147584   ['max_pooling2d_2[0][0]']

batch_normalization_6 (Bat      (None, None, 25, 128)    512      ['conv2d_6[0][0]']
chNormalization)

conv2d_7 (Conv2D)               (None, None, 25, 128)    147584   ['batch_normalization_6[0][0]'
                                                                  ]

batch_normalization_7 (Bat      (None, None, 25, 128)    512      ['conv2d_7[0][0]']
chNormalization)

                                      ……

reshape (Reshape)               (None, None, 3200)       0        ['batch_normalization_9[0][0]'
                                                                  ]

dropout (Dropout)               (None, None, 3200)       0        ['reshape[0][0]']

dense (Dense)                   (None, None, 256)        819456   ['dropout[0][0]']

dropout_1 (Dropout)             (None, None, 256)        0        ['dense[0][0]']

the_labels (InputLayer)         [(None, None)]           0        []

dense_1 (Dense)                 (None, None, 1072)       275504   ['dropout_1[0][0]']

input_length (InputLayer)       [(None, 1)]              0        []

label_length (InputLayer)       [(None, 1)]              0        []

ctc (Lambda)                    (None, 1)                0        ['the_labels[0][0]',
                                                                   'dense_1[0][0]',
                                                                   'input_length[0][0]',
                                                                   'label_length[0][0]']
_____
Total params: 1975568 (7.54 MB)
Trainable params: 1973648 (7.53 MB)
Non-trainable params: 1920 (7.50 KB)
```

图 7-4　模型的参数信息

5. 训练模型

步骤1 定义变量 epochs、total_nums 和 batch_size，分别表示模型训练次数、每次训练模型使用的总样本数量和每个小批量数据的样本数量。

步骤2 计算每次训练模型使用的小批量数据的个数（批次数量）。

步骤3 训练模型。在每次训练的过程中，先批量生成训练数据，再使用该批数据训练模型，然后输出训练信息。

训练模型

步骤4 模型训练完成后，保存其权重信息到"res.h5"文件中。

【参考代码】

```
epochs=20                                 #设置模型训练次数（训练周期）
total_nums=20                             #设置每次训练模型使用的总样本
batch_size=1                              #设置每个小批量数据的样本数量
batch_num=total_nums//batch_size          #计算批次数量
#训练模型
for k in range(epochs):
    print('this is the', k+1, 'th epochs training !!!')
                                          #输出当前训练周期数
    batch=data_generator(batch_size,wav_lst,pin_lst,vocab)
                                          #生成训练数据
    am.ctc_model.fit_generator(batch,steps_per_epoch=batch_num,epochs=1)
                                          #训练模型
print("\n 训练完成，保存模型")
am.ctc_model.save_weights('res.h5')       #保存模型权重到"res.h5"文件中
```

【运行结果】 程序运行结果（部分）如图 7-5 所示。

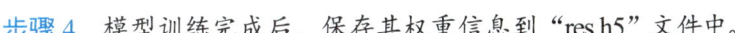

图 7-5 模型训练过程（部分）

6. 解码预测

步骤 1 加载已经训练好的声学模型。

【参考代码】

```
#加载声学模型
am=Amodel(vocab_size)                          #创建模型对象
am.ctc_model.load_weights('res.h5')            #加载模型权重
print('\n加载声学模型完成！')
```

【运行结果】 程序运行结果如图 7-6 所示。

加载声学模型完成！

图 7-6 加载声学模型

步骤 2 定义解码函数 decode_ctc()，用于将模型的输出结果解码为词汇表中的拼音。

【参考代码】

```
def decode_ctc(num_result,num2word):
    result=num_result[:, :, :]                                #提取预测结果
    in_len=np.zeros((1),dtype=np.int32)                       #初始化输入长度
    in_len[0]=result.shape[1]
    t=K.ctc_decode(result,in_len,greedy=True,top_paths=1)
                                                              #使用CTC解码算法进行解码
    v=K.get_value(t[0][0])                                    #获取解码后的结果
    v=v[0]                                                    #获取解码结果中的第一条路径
    text=[]                                                   #初始化文本列表
    for i in v:                                               #遍历解码结果中的数字序列
        text.append(num2word[i])                              #将数字序列映射为对应的文本
    return v,text                                             #返回解码后的数字序列和文本序列
```

步骤 3 导入自定义模块 LanguageModel2 中的语言模型。

步骤 4 使用数据生成器生成一批测试数据。

步骤 5 使用训练好的语音识别模型对测试数据进行识别。

步骤 6 使用解码函数 decode_ctc()对模型的输出结果进行解码，得到拼音序列。

步骤 7 删除拼音序列中的空白字符。

步骤 8 输出语音数据的原文拼音和模型的识别拼音。

步骤 9 加载语言模型，使用语言模型将识别拼音转换为对应的文字。

项目 7 中文普通话语音识别

【参考代码】

```
from LanguageModel2 import ModelLanguage      #导入语言模型
am_model_batch=data_generator(batch_size,wav_lst,pin_lst,vocab)
                                              #使用数据生成器生成一批测试数据
for i in range(2):
    print('\n 模型预测结果',i+1)
    #使用训练好的语音识别模型进行识别
    inputs,outputs=next(am_model_batch)
    x=inputs['the_inputs']
    y=inputs['the_labels'][0]
    result=am.model.predict(x)
    #对模型的识别结果进行解码，得到拼音序列
    _,text=decode_ctc(result,vocab)
    text=' '.join(text)          #将字符列表转换为字符串（以空格分隔）
    text=text.replace("_","")    #删除空白字符
    print('原文拼音: ',' '.join([vocab[int(i)] for i in y]))
    print('识别拼音: ', text)
    #使用语言模型将识别拼音转换为对应的文字
    ml=ModelLanguage('model_language')
            #创建一个ModelLanguage类的实例，参数为语言模型文件的路径
    ml.LoadModel()                           #加载语言模型
    r=ml.SpeechToText(text.split())          #将拼音转换为对应的文字
    print('语音转文字结果：\n',r)
```

【运行结果】 程序运行结果如图 7-7 所示。

```
模型预测结果 1
1/1 [==============================] - 0s 460ms/step
原文拼音：  lv4 shi4 yang2 chun1 yan1 jing3 da4 kuai4 wen2 zhang1 de di3 se4 si4 yue4 de lin2 luan2 geng4 shi4 lv4 de2 xian1 huo2 xiu4 mei4 s
hi1 yi4 ang4 ran2
识别拼音：  lv4 shi4 yang2 chun1 yan1 jing3 da4 kuai4 wen2 zhang1 de di3 se4 si4 yue4 de lin2 luan2 geng4 shi4 lv4 de2 xian1 huo2 xiu4 mei4 s
hi1 yi4 ang4 ran2
语音转文字结果：
  绿是阳春烟景大块文章的底色四月的秘峦更是绿的鲜活秀媚诗意盎然

模型预测结果 2
1/1 [==============================] - 0s 241ms/step
原文拼音：  ta1 jin3 ping2 yao1 bu4 de li4 liang4 zai4 yong3 dao4 shang4 xia4 fan1 teng2 yong3 dong4 she2 xing2 zhuang4 ru2 hai3 tun2 yi4 zhi
2 yi3 yi1 tou2 de you1 shi4 ling3 xian1
识别拼音：  ta1 jin3 ping2 yao1 bu4 de li4 liang4 zai4 yong3 dao4 shang4 xia4 fan1 teng2 yong3 dong4 she2 xing2 zhuang4 ru2 hai3 tun2 yi4 zhi
2 yi3 yi1 tou2 de you1 shi4 ling3 xian1
语音转文字结果：
  他仅凭腰部的力量在泳道上下翻腾泳动蛇形状如海豚一直以一头的优势领先
```

图 7-7　语音识别结果

素养之窗

IEEE 信号处理学会语音与语言处理技术委员会是国际上语音与语言处理研究的权威学术组织。语音与语言处理研讨会（IEEE spoken language technology workshop，SLT）是该委员会主导的两年一次的旗舰会议，与该委员会主导的语音识别与理解研讨会（ASRU）隔年举办，是语音与语言处理学术界的顶会。该会议通常以特邀报告、特别议题、论文展示、工业论坛等多种形式呈现最新研究成果，为国际上语音与语言处理技术相关科研人员提供了大量的合作机会。

项目实训

1. 实训目的

（1）掌握标签数据和语音数据的处理方法。

（2）掌握基于卷积神经网络的连接时序分类模型的构建方法。

（3）掌握连接时序分类模型的解码预测方法。

2. 实训内容

现有一个中文语音数据集（见本书配套素材"item7/training/data"），该数据集中包含1 835个语音文件，每个语音文件对应的拼音和汉字均保存在标签数据文件"label.txt"中。试使用该数据集训练一个中文普通话语音识别模型并使用该模型进行语音识别。

（1）启动 Jupyter Notebook，以 Python 3 工作方式新建 Jupyter Notebook 文档，并重命名为"item7-sx.ipynb"。提示：在开始编写程序前，须将本书配套素材"item7/training"文件夹复制到当前工作目录中，若没有复制，读取数据文件或加载语言模型时需要指定相应路径。

（2）数据准备。

① 导入本实训数据处理部分所需的库和模块，并设置忽略警告。

② 定义 source_get()函数，用于从指定的源文件目录中获取语音文件的路径列表。

③ 定义 source_file 变量，用于指定语音文件的源文件目录。

④ 调用 source_get(source_file)函数，获取语音文件的路径列表并将其输出。

（3）标签数据处理。

① 定义 mk_vocab()函数，用于创建一个包含空白字符的词汇表。

② 定义 word2id()函数，用于返回词汇表中的词对应的索引列表。

③ 定义两个列表，分别用于存放语音文件名称和每个语音文件对应汉字的拼音。

④ 打开标签数据文件"label.txt"，在标签数据文件中提取每个语音文件的名称、拼音和汉字等信息。

⑤ 调用 mk_vocab()函数，创建词汇表，并使用 len()函数计算词汇表大小。

⑥ 输出词汇表大小和词汇表。

（4）语音数据处理。

① 定义 compute_fbank()函数，用于提取语音特征。

② 定义 wav_padding()函数，用于对语音数据进行填充。

③ 定义 label_padding()函数，用于对标签数据进行填充。

④ 定义数据生成器，用于生成模型训练所需的小批量输入数据，为模型的训练做准备。

（5）构建模型。

① 导入构建模型需要的库和模块。

② 定义 conv2d()函数、norm()函数、maxpool()函数、dense()函数和 cnn_cell()函数，分别用于创建卷积层、批量标准化层、最大池化层、全连接层和卷积神经网络中的多个层组成的"单元"。

③ 定义 CTC 损失函数 ctc_lambda()。

④ 定义 Amodel 类。在 Amodel 类中，定义类的初始化方法__init__()，用于执行初始化操作，然后定义_model_init()、_ctc_init()、opt_init()方法，分别用于构建神经网络模型、构建 CTC 模型、定义优化器并编译 CTC 模型。

⑤ 在 Amodel 类中，定义 summary()方法，用于输出模型的参数信息。

⑥ 创建模型对象，并输出模型的参数信息。

（6）训练模型。

① 定义模型训练相关参数，包含模型的训练次数、每次训练模型使用的总样本数量和每个小批量数据的样本数量。

② 计算每次训练模型使用的小批量数据的个数。

③ 训练模型。在每次训练的过程中，先批量生成训练数据，再使用该批数据训练模型，然后输出训练信息。

④ 模型训练完成后，保存其权重信息到"training.h5"文件中。

（7）解码预测。

① 加载已经训练好的声学模型。

② 定义解码函数 decode_ctc()，用于将模型的输出结果解码为词汇表中的拼音。

③ 在代码单元格中输入以下语句，导入自定义模块 LanguageModel1（见本书配套素材"item7/training"）中的语言模型 LanguageModel。

语音识别技术及应用

```
import sys
sys.path.append('./training')
from LanguageModel1 import ModelLanguage         #导入语言模型
```

④ 使用数据生成器生成一批测试数据。
⑤ 使用训练好的语音识别模型对测试数据进行识别。
⑥ 使用解码函数 decode_ctc()对模型的识别结果进行解码，得到拼音序列。
⑦ 删除拼音序列中的空白字符。
⑧ 输出语音数据的原文拼音和模型的识别拼音。
⑨ 创建语言模型 LanguageModel 的一个实例，传入参数为语言模型文件的路径"./training/language"。
⑩ 加载语言模型，并使用语言模型将识别拼音转换为对应的文字。

3. 实训小结

按要求完成实训内容，并将实训过程中遇到的问题和解决办法记录在表 7-1 中。

表 7-1　实训过程

序　号	主要问题	解决办法

项目 7 中文普通话语音识别

项目总结

完成本项目的学习与实践后，请总结应掌握的重点内容，并将图 7-8 的空白处填写完整。

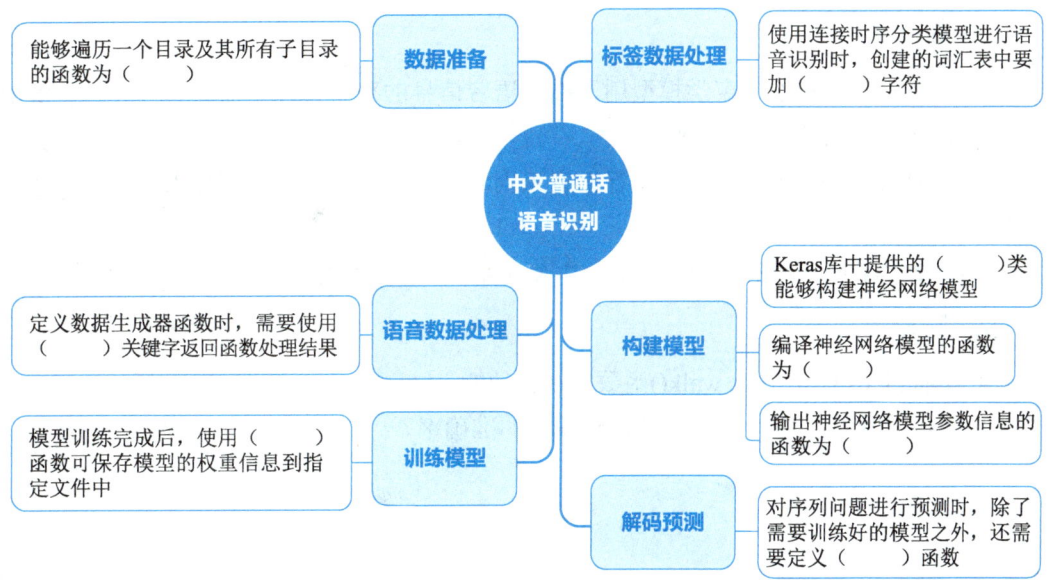

图 7-8　项目总结

项目考核

1．选择题

（1）在语音识别系统中，语言模型的作用是（　　）。

　　　A．提取语音特征　　　　　　　　B．进行语音分段

　　　C．提高识别准确率和流畅性　　　D．可视化语音文件

（2）下列选项中，（　　）不属于语音识别技术的范畴。

　　　A．声学模型　　　　　　　　　　B．语音合成技术

　　　C．语音信号处理技术　　　　　　D．语言模型

（3）若想以文本列表的方式显示神经网络模型各层的参数信息，应调用 Keras 库中的（　　）函数。

　　　A．model.compile()　　　　　　　B．model.fit()

　　　C．model.evaluate()　　　　　　　D．model.summary()

（4）微信可以将对方发来的语音转换为文本，这使用了（　　）技术。

　　A．指纹识别　　　　　　　　　　B．人脸识别

　　C．语音识别　　　　　　　　　　D．语音合成

（5）下列选项中，使用了语音识别技术的是（　　）。

　　A．通过语音输入录入文本　　　　B．用"录音机"软件录制声音

　　C．与朋友进行电话聊天　　　　　D．按导航的提示驾驶汽车

2. 填空题

（1）在语音识别中，声学模型用于描述语音信号的声学特性，而_____模型则用于描述语言的结构和语法规则。

（2）使用连接时序分类模型进行语音识别时，创建的词汇表中应加入_____字符。

（3）智能手机上的语音助手功能，主要应用了人工智能中的_____技术。

3. 简答题

（1）简述 os 模块中 os.walk() 函数的主要功能。

（2）在实际操作中，如何提高语音识别的准确率？

项目 7 中文普通话语音识别

项目评价

结合本项目的学习情况,完成项目评价并将评价结果填入表 7-2 中。

表 7-2 项目评价

评价项目	评价内容	评价分数			
		分值	自评	互评	师评
项目完成度评价（20%）	项目准备阶段,回答问题是否清晰准确,能够紧扣主题,没有明显错误	5 分			
	项目实施阶段,是否能够根据操作步骤完成本项目	5 分			
	项目实训阶段,是否能够出色完成实训内容	5 分			
	项目总结阶段,是否能够正确地将项目总结的空白信息补充完整	2 分			
	项目考核阶段,是否能够正确地完成考核题目	3 分			
知识评价（30%）	是否掌握语音识别项目的实施流程	6 分			
	是否掌握语音识别项目中语音数据和标签数据的处理方法	8 分			
	是否掌握中文普通话语音识别项目中模型的构建方法	10 分			
	是否掌握 CTC 解码算法的使用方法	6 分			
技能评价（30%）	是否能够导入中文语音数据集,并对数据集进行处理	8 分			
	是否能够编写程序,构建中文普通话的语音识别系统	12 分			
	是否能够编写程序,使用 CTC 解码算法进行解码	10 分			
素养评价（20%）	是否遵守课堂纪律,上课精神是否饱满	5 分			
	是否具有自主学习意识,做好课前准备	5 分			
	是否善于思考,积极参与,勇于提出问题	5 分			
	是否具有团队合作精神,出色完成小组任务	5 分			
合计	综合分数_____自评(25%)+互评(25%)+师评(50%)	100 分			
	综合等级_____	指导老师签字_____			
综合评价	最突出的表现（创新或进步）: 还需改进的地方（不足或缺点）:				

参考文献

[1] 洪青阳，李琳. 语音识别：原理与应用（第 2 版）[M]. 北京：电子工业出版社，2023.

[2] 俞栋，邓力. 解析深度学习：语音识别实践 [M]. 俞凯，等译. 北京：电子工业出版社，2016.

[3] 韩纪庆，张磊，郑铁然. 语音信号处理（第 3 版）[M]. 北京：清华大学出版社，2019.

[4] 柳若边. 深度学习：语音识别技术实践 [M]. 北京：清华大学出版社，2019.

[5] 杨学锐，晏超，刘雪松. 语音识别服务实战 [M]. 北京：电子工业出版社，2022.